natural

simple

natural
simple

格子教你作

自然好用的手工皂&保養品

SOAP BOOK

100款

格子，就是愛漂亮！

小的時候，就是愛漂亮。瞧見媽媽梳妝台上五顏六色的瓶瓶罐罐，五彩繽紛，真是目不暇給。長大後，才慢慢發現，原來愛漂亮真的是女生的天性，總是滿桌子的瓶瓶罐罐，好像是美麗的公主扮家家酒一般，愉快又熱鬧。

隨著年紀增長，還依稀記得偷偷坐在鏡子前面，抹上媽媽的抽屜裡頭的口紅、悄悄擦上炫麗的眼影、鮮豔的指甲油……當然還不能忘記，閃亮亮的金蔥粉。不知過了多久，這樣小小的變化已滿足不了自己愛漂亮的欲望。高中時期，便常常省吃儉用，存錢買日本雜誌。雜誌上頭模特兒的彩妝、精緻的穿著、活潑的配件……還有、還有，少不了的髮型變化，只要能把自己變美，通常都不會逃過我一雙犀利的雙眼。

不過，不知道什麼時候開始，發現自己漸漸對雜誌上變化多端的造型沒了興趣，反而開始注意單純、樸實的事物。（大概，是年紀到了！呵！）發現自己開始因為把隨處可取得的材料加入手工皂中而感到開心，讓沐浴在低調中，也能顯現奢華的那一面。使用植物油的配方來調製溫和、天然的乳液＆面霜，使用純露、植物萃取液來調製化妝水，用精油來調製香水……少去了人工香氛的頭暈目眩，卻多了一分手工調製的樂趣！

給最心愛寶貝的痱子粉，原來可以用玉米粉與乾燥的花草來製作。給媽媽用的精油香水，原來不用到百貨公司的專櫃，就能輕鬆調製。給爸爸用的鬍後收斂水，原來也是這麼輕鬆就可以製作完成。連青春期惱人的痘痘問題，都可以迎刃而解呢！生活中，許許多多的香氛用品，其實是可以輕鬆就上手的。

想像自己像是《哈利波特》裡的魔藥學教授一般，精心調製不同膚質、不同對象、不能功能的保養品。除了這些DIY過程產生出許多的瓶瓶罐罐之外，更是滿足了無限想像力與成就感。讓肌膚回歸最自然的原貌，敞開毛細孔盡情呼吸。讓香氛很自然的融入生活中，從稚嫩肌膚的寶貝、媽媽細心呵護的的膚質、爸爸需要卸除疲勞的元氣肌膚、青春期的清爽肌膚，以及在烈日艷陽下的防曬工作、野外防蚊大作戰……希望這些配方的紀錄能帶領參與的讀者一起享受自然的生活。

Contents

Sweet · Natural · Simple

動手製作手工皂之前

冷製皂須經哪些過程？

低溫的冷製手工皂製作原理在於：透過油脂與鹼的混合，過程中會產生皂與甘油成分。手工皂可以清潔肌膚，甘油可以保留在肌膚表層，鎖住水分與保護肌膚，達到滋潤的功效。而冷製手工皂的用意在於全程製作的溫度保持在50℃以下，作用是能夠維持每款油品的養分，不會因為皂化過程的溫度過高而導致流失。因為每回製作量少、製作成本高，且需等待4至8週的熟成，所以更顯手工皂的難得與珍貴。冷製手工皂的製作過程天然，不會對肌膚造成負擔，也不會對生態環境有影響，是最天然的清潔用品。以下針對皂化過程分為四期來說明：

充分混合 冷製手工皂需要事先溶化氫氧化鈉與水，形成鹼液，並與油脂混合攪拌。

由於油與鹼液是不相融合的，而且鹼液（水）的比重又比油重，所以在混合的初期若沒有持續不斷的攪拌，鹼液會很自然的沉到皂液的底部。混合初期的皂化反應較慢，而且速度薄弱，只在少許油與鹼液的接觸面進行反應。所以製作時可將鹼液分多次、少量逐步倒入油中，並且持續不斷的攪拌，讓皂液產生作用變成皂。皂化的過程中，油與鹼液反應情形不會間斷，所以整體的透明度會慢慢降低，變為渾濁，此時若停止攪拌，皂液的速度又會減緩、停滯。此時期的攪拌時間大需持續15至20分鐘不停止，且以同一方向攪拌，讓鹼液與油脂充分混合。

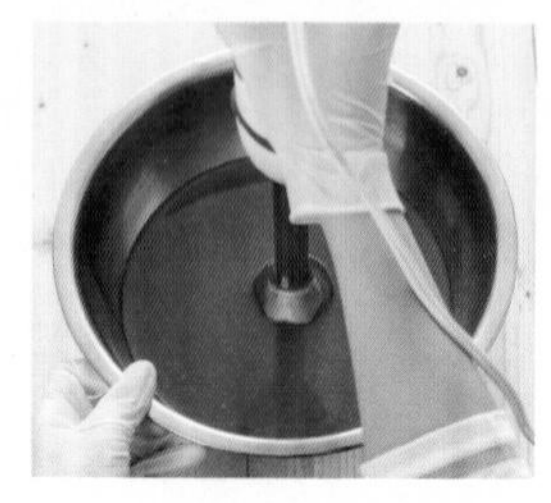

持續攪拌 經過初期油鹼不相混合的時期之後，此時期的反應是由原來已生成的皂來加速剩餘油脂與鹼液的皂化。

所以，皂液的整體反應速度會不斷加快，油脂與鹼液接觸面積快速加大，皂液逐漸形成濃稠的美乃滋狀。但如何檢視是否完成攪拌呢？攪拌過程會有攪拌痕跡，殘留在攪拌器上的

皂液不容易滑落。此時期的攪拌速度可稍稍減緩，只要持續攪拌，不需過度使力，以免過多的空氣混入皂液中，導致製作完成的皂有過多細小氣泡。此時期的皂化反應已經完成約九成左右。

完成入模

在經過攪拌期充分的混合後，此時未混合均勻的油脂與鹼液的比例已經明顯下降許多，但是些許、少量未完全皂化的物質還會留在皂中。

此時期可以將呈現美乃滋狀的皂液入模，入模完成送入保溫容器中，透過保溫的動作，讓皂化工作持續進行。有時因為氣溫、濕度的影響，也會導致皂液又變為透明狀態，此現象有人稱為「果凍」。

等待熟成

為了讓製作的冷製手工皂更加溫和，所以製作完成的皂因為有少部分未百分百皂化的物質，所以要經過4至8週的時間等待。

此階段是希望皂的水分能夠充分散失、酸鹼值能更穩定，使得皂的質地更溫純。

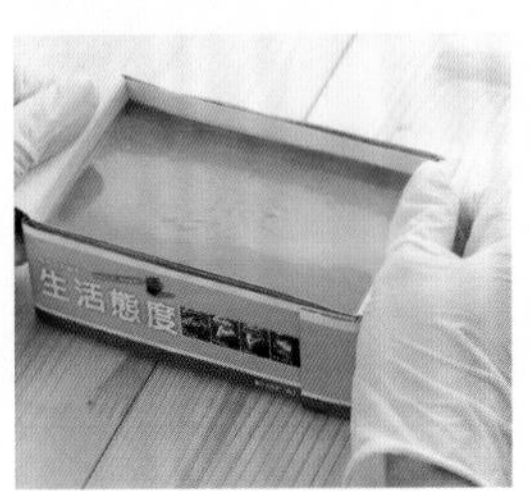

該怎麼製作手工皂？

製作手工皂先掌握下列的步驟：

（1）計算配方

先預設好此次製作手工皂的分量，並且寫下配方。

假設此次製作的油量：600（公克）

油脂的計算方式

油的總量×油脂的比例＝該油品的重量

橄欖油72%→600（公克）×0.72＝432（公克）

棕櫚油15%→600（公克）×0.15＝90（公克）

椰子油13%→600（公克）×0.13＝78（公克）

鹼量的計算方式

該油品的重量×該油品的皂化價＝該油品所需的鹼量

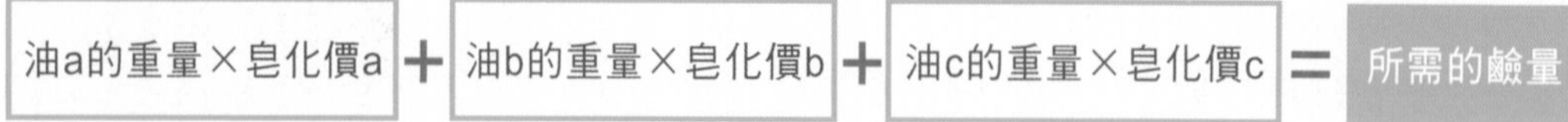

橄欖油→432（公克）×0.134＝57.888（公克）

棕櫚油→90（公克）×0.141＝12.69（公克）

椰子油→78（公克）×0.19＝14.82（公克）

鹼量加總→57.88＋12.69＋14.82＝85.39（公克）

水量的計算方式

（1）鹼量×2.6倍＝水量

（2）鹼量／0.3－鹼量＝水量

（3）總油量×0.33＝水量

計算：（1）85.39×2.6＝222.014→222公克

（2）85.39／0.3－85.39＝199.243→199公克

（3）600×0.33＝198→198公克

亦即：水量從198公克至222公克皆可做參考值。

（2）INS值的計算

油a的重量／全部油量的公克重＝油a（占總油量）的百分比

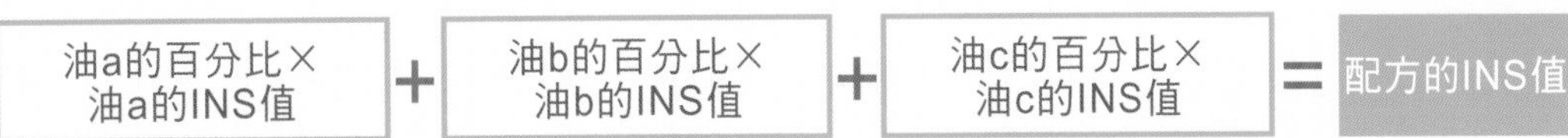

例如：橄欖油400公克／椰子油200公克／棕櫚油200公克／總油量800公克

400／800＝0.5→橄欖油（占總油量）的百分比

200／800＝0.25→椰子油（占總油量）的百分比

200／800＝0.25→棕櫚油（占總油量）的百分比

（0.5×109）＋（0.25×258）＋（0.25×145）＝155.3

（3）製作步驟

1. 依據油脂配方依比例放入不鏽鋼鍋內，隔水加熱至45℃以下。
2. 使用耐高溫的容器（至少90℃）將純水倒入耐熱容器中，再加入氫氧化鈉，攪拌至氫氧化鈉完全溶化，並且降溫至45℃以下。
   - 溶解過程會有發熱情形為正常現象。
   - 氫氧化鈉屬於強鹼，此步驟會有危險性，請小心操作。
3. 將步驟2的鹼液倒入步驟1中的油中，並不斷攪拌約40分鐘使兩者皂化反應，直到兩者溶液完全混合成美乃滋狀即為皂液，即可進行下一個步驟。
   - 鹼液請少量、多次倒入油中，細心攪拌。
4. 在已充分攪拌的皂液中加入喜愛的精油。
5. 加入添加物（乾燥花草、礦泥……），再攪拌均勻。
6. 將步驟5中混合均勻的皂液倒入模子中，置入保溫箱，妥善蓋好並蓋上毛巾。此處的保溫工作可用保麗龍箱來完成。
7. 待手工皂硬化後（約1至3日）即可取出，並置於通風處讓其自然乾燥，約4星期左右即可使用。

製作手工皂需要準備哪些工具？

不鏽鋼鍋——因為製作手工皂的氫氧化鈉屬於強鹼，若使用一般金屬器皿，不但會影響手工皂品質，就連鍋子都有可能泡湯，所以請準備一個底部沒有角度（可至烘培用品店購買製作蛋糕的不鏽鋼盆）的不鏽鋼容器，方便攪拌器打到鍋子的每一個角落。另外，製皂過程中，所有的材料到最後都會混合進入這個不鏽鋼鍋中，所以如果需要製作大量的皂，請選擇可容1500公克材料的容器，以免攪拌時皂液噴出鍋外。

製皂過程中，若有使用其他輔助的金屬材質工具，也都需要使用不鏽鋼材質的，例如：湯匙。

耐熱玻璃容器——耐高溫、密度均勻的玻璃容器最適合用來溶氫氧化鈉與水。因為氫氧化鈉與水（液體）溶在一起時，溫度大約會上升60℃至80℃，要讓溶解後的鹼液降溫至50℃以下，需要在玻璃杯外放冰塊或降溫冰袋，以避免瓶子破裂，所以最好選擇材質穩定的容器，容量至少要500C.C.，在溶解、攪拌時，液體才不易濺出。

調棒也請選擇玻璃材質的才適當喔！

攪拌工具——攪拌是製皂過程中另一個重要步驟。攪拌工具可分為手動與電動兩種，手動時因為需要長時間拿著，所以建議選擇順手好拿的工具。也可選擇電動的攪拌器（例如：百靈牌，是很多皂友最愛的選擇），可省去長時間攪拌的功夫。不過，電動攪拌器容易使氫氧化鈉與水混合的液體及油等材料四處飛散，所以建議初學者可以試試親手攪拌，親自體驗一下皂化的感覺，雖然會很累，但可以從中體會不同配方的皂的不同皂化速度，這是一種很微妙的感受喔！

溫度工具——需準備兩支溫度計，可以量0℃至100℃的溫度即可。一支測量油溫使用，一支測量氫氧化鈉與水的混合液體使用。藥房販售的實驗用或烹調用品賣的溫度計都可以。

模型——模型決定皂的個性。大致可分為不鏽鋼、矽膠模型、塑膠模型、牛奶紙盒幾種。

- **矽膠模型**：作工細緻、精美、脫模容易，是製作視覺性美皂、送禮手工皂的最佳選擇。
- **紙製模型**：裡側是滑面、能防油材質的最好，牛奶紙盒也是很不錯的選擇。
- **不鏽鋼模型**：用來製作蛋糕手工皂、方塊手工皂是很好的選擇，可在烘培用品店購買。
- **壓克力模型**：脫模較不容易，需搭配PE模輔助，不過，透明模型的優點就是能看到手工皂的樣式。

格子慣用的模型都是從烘培用品專賣店買來的。使用時在底部包上一層保鮮膜，套上橡皮筋，並且在底部墊上木頭板子即可使用。市面上有專門為手工皂設計的矽膠模型，造型多且美麗，在本書多數使用矽膠模型來製作，不僅造型上多變化，效果也很棒，讓皂質更完美。優格杯、布丁杯子也可以拿來製皂。牛奶紙盒內層有一層薄薄的蠟很容易撕下、脫模，很適合拿來製皂時當作丟棄式的模型。

秤量工具——精準的測量是製皂過程一個非常重要的步驟。製作過程中，油、氫氧化鈉、水等成分的調配分量若稍有落差，就可能會影響成果。初學者不一定要使用電子秤，只要能夠計算出重量的工具即可。若選擇電子秤，請挑選最小的計算單位到1公克，最大單位到2000公克左右的電子秤，這樣才能精準計算重量。

橡皮刮刀——可於烘培用品店購買。用來將不鏽鋼鍋內完成的皂液刮到模型內時使用。

降溫冰塊——降溫使用。氫氧化鈉與水混合時候會產生高溫，油若加熱也需降溫。

保溫工具——最好選擇保麗龍箱，作用是皂化過程中，用來讓變稠的皂液再繼續完成皂化，變化成為一塊好皂。容量大小不限，只要能裝得下製作出來的皂液即可。

手套—— 可以選擇手術用的手套，薄且合手，方便工作。格子建議你在製皂的過程中全程配戴，因為氫氧化鈉是強鹼，會傷害肌膚。如果是動作粗魯的朋友，請同時戴上護目鏡，以免液體濺出，不小心潑到眼睛。另外，如果你不喜歡氫氧化鈉與水混合時產生的氣味，也請戴上口罩，以免身體不適。

切皂工具——可選擇家用的菜刀來切開手工皂，也可以至烘培用品店購買不鏽鋼麵糰切刀，都是不錯的選擇。

哪些油可以製作出起泡度高的手工皂？

 椰子油

呈淡黃色，於20℃以下會呈固體狀，屬於硬油的一種，是作皂不可缺少的油脂之一。富含飽和脂肪酸，能作出洗淨力強、質地硬、顏色雪白且泡沫多的皂品。但洗淨力很強的皂品難免會讓肌膚洗後感覺乾澀，所以使用分量不宜過高，一般肌膚建議添加比例是15%，乾性老化肌膚建議添加比例是10%以下，油性肌膚建議添加比例是30%以下。椰子油在秋冬氣溫下降時會呈現固態，可隔水稍微加熱融化後再使用。

 棕櫚核油

是以椰子果肉中的核仁榨成的油品，含刺激肌膚的物質比椰子油少，作用溫和許多，保濕成分略微增加。多半用於敏感性肌膚與寶貝肌膚。

哪些油脂可製作出硬度較高且不容易變形的手工皂？

 棕櫚油

是棕櫚果肉中取得的植物脂肪，是經由萃取或壓榨取得，且依狀態及是否經過精煉，而有各種不同的顏色（例如：淡黃色、紅棕色），含有相當高的棕櫚酸及油酸。棕櫚油是手工皂必備的油脂之一，可作出對肌膚溫和、清潔力好又堅硬、厚實的手工皂，不過因為沒什麼泡沫，所以一般都搭配椰子油使用。建議添加比例為20%以下。棕櫚油在秋、冬氣溫下降時會呈現固態，可隔水稍微加熱融化後再使用。

 白油

以大豆等植物提煉而成，呈固體奶油狀，可以製造出很厚實、溫和、泡沫細緻的手工皂。雪白乳化油與白油的皂化價相同，營養較白油更高，氣味香濃，也常用來取代白油製皂，建議添加比例為30%以下。

哪些油脂可以製作出保濕度較高的手工皂？

橄欖油

含有高比例油酸和豐富的維他命、礦物質、蛋白質，特別是天然角鯊烯。可以保濕，並修護肌膚，製作出來的皂泡沫持久且如奶油般細緻，由於深具滋潤性，也很適合用來製作乾性膚質適用的手工皂和嬰兒皂，特別適用於受損、乾燥、老化及異位性肌膚炎的肌膚，甚至取代配方中的所有油項，可以完全以橄欖油入皂。分Extra Virgin、Virgin、Pure、Extra Light、Pomace幾個等級，Extra Virgin營養成分最高，但需很長時間才會Trace。100%橄欖皂的泡泡較少，且熟成期至少要2個月左右。

苦茶油／苦茶籽油

含90%以上不飽和脂肪酸，能降低總膽固醇，預防心血管疾病，有「東方橄欖油」之稱。因具有豐富的油酸，所以能防止肌膚乾燥、皺裂；用於肌膚上，具有活血、化瘀、養顏美容的作用。具有不錯的護髮作用，能夠維持頭髮光量，預防頭髮斷裂與脫髮，有不錯的保濕與滋潤功效。苦茶油的作用非常多，是台灣產難得的好油品，建議讀者可以多多研究與利用。此書使用的苦茶籽油是冷壓台灣苦茶，味道淡香，色澤呈現冷壓特有的翠綠色（富含葉綠素，不被高溫破壞），非熱壓苦茶油（熱壓味道濃，顏色較黃且深）能比擬。苦茶籽油特性與山茶花相似，適合用來製作洗髮皂。

榛果油

棕櫚油酸含量高，對老化肌膚有益，油質穩定性高，而且清爽，優異的持久保濕力，使榛果油成為植物油中的佼佼者，可代替或搭配橄欖油使用。建議用量為72%以下，但保存期限短，需放入冰箱保存，較不易變質。

酪梨油

可分為未精緻與精緻兩種。未精製的酪梨油呈深棕綠色，綠色來自天然的葉綠素，且有一股藥草的特殊氣息。精製的酪梨油經過脫色及脫臭處理，呈黃色至金黃色。油品含有非常豐富的維他命A、D、E、卵磷脂、鉀、蛋白質與脂酸。油質沉重，能深層穿透肌膚，容易讓肌膚吸收。適用於乾燥缺水、日照受損或成熟肌膚，並且對濕疹、牛皮癬有很好的效果。營養度極高，深層清潔效果佳，能促進新陳代謝、淡化黑斑、預防皺紋產生。酪梨油是製作手工皂的高級素材，作出來的皂很滋潤，有軟化及治癒肌膚的功能，能製造出對肌膚非常溫和的手工皂，很適合嬰兒及過敏性肌膚的人使用。建議添加比例為72%以下。

甜杏仁油

由杏樹果實壓榨而來，富含礦物質、醣物和維生素及蛋白質，是一種質地輕柔，高滲透性的天然保濕劑，對面皰、富貴手與敏感性肌膚具有保護作用，溫和且具有良好的親膚性，各種膚質都適用，能改善肌膚乾燥發癢現象，緩和痠痛，抗炎，質地輕柔滑潤。更可平衡內分泌系統的腦下垂腺、胸腺和腎上腺，促進細胞更新。甜杏仁油非常清爽，滋潤肌膚與軟化膚質功效良好，適合作全身按摩。且含有豐富營養素，可與任何植物油相互調和，是很好的混合油。很適合乾性、皺紋、粉刺、面皰及容易過敏發癢的敏感性肌膚，質地溫和連嬰兒肌膚都可使用。用甜杏仁油作出來的皂，泡沫持久且保濕效果非常好，建議添加比例30%以下。保存期限短，需放在冰箱保存。

山茶花油（椿油）

是山茶花種籽冷壓而得。一般山茶花種籽會拌炒之後再行榨油的程序，拌炒越久榨出的油顏色較深，且香氣較濃，而未經久炒的種籽榨出的油顏色較淡，較無香氣，但營養成分較高。山茶花油含有豐富蛋白質、維生素A、E，營養價值及對高溫的安定性均優與於黃豆油，甚至可媲美橄欖油，具有高抗氧化物質，讓肌膚、頭髮處於良好狀態，能讓肌膚調整並保濕、滲透性快，使用於全身肌膚時又能在表皮上形成一層很薄的保護膜，保住肌膚內的水分，防護紫外線與污濁空氣對肌膚的損傷。山茶花油已經被中國大陸及日本的女性使用許

多世紀了，作為預防肌膚過早出現皺紋的滋補用油，同時也是頭髮的滋補物。建議添加比例72%以下，用來作超脂時，建議添加比例為5%至8%。

 杏桃仁油

油感細緻、清爽，成分中含有讓肌膚軟化、滋養肌膚與恢復肌膚元氣的成分，對乾燥、成熟及脆弱、敏感肌膚特別有幫助。油脂特性容易延展開來，富有油酸及亞麻油酸。應用在作皂及化妝品成分中扮演的角色與甜杏仁油類似，兩種油品可以互相替代使用，也可用在化妝品或芳療產品作為基底油。製作手工皂建議添加比例為20%至72%，能產生具有清爽、蓬鬆感覺的泡沫。

 澳洲胡桃油

棕櫚油酸含量高，對老化肌膚有益，清爽且保濕效果絕佳，容易被肌膚吸收。它和荷荷芭油一樣，成分非常類似肌膚的油脂，可代替或搭配橄欖油使用。建議添加比例72%以下，不建議作超脂。

 蓖麻油

得自Ricinus Communis的種籽，具黏稠性，通常無色或淺黃色油。具有緩和及潤滑肌膚的功能，特有的蓖麻酸醇對髮膚有特別的柔軟作用。能製造清爽、泡沫多且有透明感的手工皂，還很容易解於其他油中，但不建議超脂或高比例使用，因為會使手工皂容易軟爛，且不易脫模，建議添加比例為15%以下。

哪些油脂可以製作出比較清爽的手工皂？

 芝麻油

含有優良的保濕效果，有使肌膚再生，預防紫外線的傷害；但有獨特味道，如果你不喜歡這種味道，可以使用冷壓的芝麻油。作成皂後，屬於洗感清爽的皂，適合夏天用或油性、面皰肌膚使用。它含有強力的抗氧化物質（芝麻素、芝麻酚林、芝麻酚等），因此雖亞油酸比例多，氧化安定性極佳，起泡性也不錯。建議添加比例為50%以下。

米糠油

是油糙米外表的一層米糠所製造出來的，含有豐富的維他命E、蛋白質，維生素等物質，與小麥胚芽油很類似，但比較輕質。它的分子小所以比較容易滲透到肌膚中，能供給肌膚水分及營養，還有美白、抑制肌膚細胞老化的功能。建議添加比例為20%以下。

桐油

桐油是油桐樹提煉而來，色澤較深、油味稍重，傳統上用來塗抹保護木器、製造油布、油紙等防水材料，調製油泥鑲嵌縫隙，中醫用來調和膏藥等外用藥。用來製皂所完成的作品表面會有一層光滑的反光色澤，且泡沫相當豐富、滑細，洗完後像擦過痱子粉般乾爽。建議添加比例為10%至20%。

葡萄籽油

富含維他命、礦物質、葉綠素、果糖、葡萄糖、葡萄多酚與蛋白質，適合細嫩、敏感性肌膚及易生暗瘡、粉刺的油性肌膚使用，是種清爽的油脂，容易被肌膚吸收。也可以改善靜脈腫脹、水腫，預防黑色素沉澱、強化循環、增進肌膚彈性，降低紫外線傷害、預防肌膚下垂與皺紋產生。葡萄籽油製成的手工皂，洗後不乾澀，具有抗氧化及高保濕的效果。但INS值很低，需搭配硬油作皂，但因亞油酸占60%，容易酸敗。建議添加比例在10%以下。

小麥胚芽油

含豐富的維他命E、蛋白質、礦物質、泛酸、菸鹼酸及不飽和脂肪酸，它能供給肌膚所需的養分，修復受損肌膚，促進肌膚再生，對老化肌膚、黑斑、妊娠紋及疤痕有滋養效果，對乾癬及濕疹等問題肌膚也極適合。它也是很好的安定劑，可加在手工皂裡延長保存期限，不過它本身很容易氧化，開封後最好存放於冰箱中。可用來作超脂，建議添加比例是5%。

大麻籽油

大麻種籽經機械式冷壓、過濾處理，得到澄清且具有蔬菜氣味的綠色油脂，是一種含有豐富必需脂肪酸的油品，應用在護髮和護膚產品上都有不錯的效果。很適合與甜杏仁油、澳洲胡桃油搭配成各類護膚產品或按摩油，而與荷荷巴油或山茶花油搭配也可以應用在護髮產品上。若是用在手工皂上，因為含有大量的多元不飽和脂肪酸，所以建議用量以20%為上限，不建議用於超脂。油脂本身的蔬菜氣味在皂化後不會影響精油或香精的香氣，製成皂後呈現微黃綠色，作品可搭配不易氧化的油品來製作，可延長保存期限。

 開心果油

含有大量的單元不飽和脂肪酸，是很好的潤膚油品。能軟化肌膚，質地清爽，能夠輕易的被肌膚吸收且不會有油膩感。調製成按摩油，也可輕易的與其他油品混合。使用在肌膚按摩及自製的保養品上都很適合，也可以應用在護髮產品上，製作熱油護髮。使用在手工皂上時建議添加比例最高為20%至72%，可產生細緻清爽的泡沫，很棒喔！

 向日葵籽油

取自向日葵，顏色為淡金黃色，含高比例維生素E，含有植物固醇、卵磷脂、胡蘿蔔素等，可柔軟肌膚、抗老化，保濕力強，且價格便宜。傳統種的葵花油因亞油酸含量達60%，不易凝固且易氧化，建議用量是10%以下。新種（高油酸）葵花油含有80%以上的油酸，氧化安定性良好，作皂時的外觀或使用感和橄欖油類似，常被用來取代橄欖油作皂，但因為它的INS值和起泡力低，所以最好配合硬油使用，否則不但皂化慢，作出來的皂也容易軟爛，建議添加比例在20%以下。

哪些油脂可以製作出對於肌膚有特殊功效的手工皂？

 琉璃苣油

萃取自琉璃苣種籽，含有豐富的Omega-6多元不飽和脂肪酸，其中的迦瑪亞麻油酸GLA（Gamma-Linolenic Acid）濃度更高達25%至30%，是天然植物油中含GLA濃度最高的，約為一般月見草油的2至2.5倍（月見草油的GLA含量只有7%至9%）。琉璃苣油可以消炎、減少過敏反應，柔化肌膚，讓肌膚變年輕。也可預防皺紋、濕疹、乾癬的產生，並且有減緩肌膚老化的功效。對乾燥肌膚特別有效，可反轉紫外線對肌膚的傷害。可作出具有強力保濕效果的皂，建議添加比例在5%至10%。

玫瑰果油

含有脂肪酸、亞麻油酸、檸檬酸及多種維生素，能形成膠原蛋白。適合各種肌膚，特別適合受損、疲勞過度的肌膚、老化肌膚。具有柔軟肌膚、美白、防皺的功效，對妊娠紋也有極佳效果，並可促進組織新生、改善疤痕、暗沉膚色及青春痘，可以加倍增強肌膚保水度、預防色素沉澱，對曬傷、濕疹都具良好療效。但因亞油酸占45%，容易氧化變質，作皂時建議添加比例5%以下，更適合直接添加在乳霜或按摩油中使用，一般肌膚使用約10%即可，非常乾燥或老化肌膚可以使用至100%。

月見草油

月見草也稱作晚纓草，價格非常昂貴，它所含有的成分使它具有寶貴的護膚功能。可改善很多的肌膚問題，如濕疹、乾癬，又具有消炎及軟化肌膚等功能，尤其適合老化及乾燥肌膚，只需要使用一點就有相當的效果。但因亞油酸占70%，容易氧化，作皂時建議添加比例在5%以下，更適合直接添加在乳霜或按摩油中使用。

荷荷芭油

取自荷荷芭果實，屬於一種以液體呈現的植物蠟，成分很類似人體肌膚的油脂，保濕性佳且具有相當良好的滲透性與穩定性，能耐強光、高溫，是可以長期保存的基礎油。富含維生素D、蛋白質、礦物質，對維護肌膚水分、預防皺紋與軟化肌膚特別有效。

具有抗發炎、抗氧化、維修肌膚及讓肌膚細胞正確運作的功能，適合油性肌膚與發炎、面皰、濕疹的肌膚。可滋潤並軟化髮膚，也可以調理油性髮質，能使頭髮烏黑、柔軟，預防分叉，是最佳的頭髮用油，許多市售洗髮用品都會添加。荷荷巴油適合各種膚質使用，成品的泡沫穩定，常被用來製作洗髮皂，建議添加比例在10%以下；適合作超脂，建議添加比例在5%至8%以下。

苦楝油

含苦楝素，具有相當好的消炎、止癢作用，對異位性肌膚炎有很好的舒緩效果。使用方法是：加水稀釋200倍可以預防害蟲。用於寵物除蟲上則是將2至5ml苦楝油加入100ml洗毛精中，搖勻後使用，則能避免寵物遭受寄生蟲等微生物的寄生。用於環境噴霧時，則加水稀釋200倍，裝於噴霧瓶中使用，建議添加比例在10%至20%。

250ml
100ml

哪些油脂可以製作出
滋潤、硬度高、在肌膚形成保護膜的手工皂？

蜜蠟

是蜜蜂體內分泌物的脂肪性物質，蜜蜂用它來修築蜂巢。天然型態呈顆粒狀，是淡黃或橙色，有時是棕色，有特別香味；經漂白或精製後成白色或淡黃色，氣味極淡。製皂時加入少許蜜蠟能使成品較硬，也能增加成品的持久性，但對肌膚效用不大，建議添加比例不宜超過5%。

可可脂

可可豆中之脂肪物質，通常將可可膏或整粒可可豆加熱壓榨而成。在常溫中為固體，略帶油質，色澤因可可成分高低，呈現黑、黃、白三色，氣味與可可相似，有令人愉快之香氣。添加皂中可增加皂的硬度及耐洗度，對肌膚的覆蓋性良好，增加肌膚保濕度且柔軟，是製作冬天保濕皂不可或缺的添加物，建議添加比例在15%以下。建議對巧克力過敏的人不要使用。

乳油木果脂／雪亞脂

由非洲乳油木樹果實中的果仁所萃取提煉而出，常態下呈固體，如奶油質感。含有豐富的維他命群，可以潤澤全身，可提高保濕度及調整皮脂分泌，具有修護、調理、柔軟和滋潤肌膚的效用。防曬作用佳，可保護也可緩和及治療受日曬後的肌膚。和蜜蠟混合隔水溶化，可製成簡易的護膚及護髮的營養劑，若再加上一些具有滋潤效果的植物油（如甜杏仁油、橄欖油）可製成護唇膏及面霜，甚至可用來保護指甲（因指甲油含有有機溶劑的化學物質，會對指甲造成損害）也可用在治療指甲邊緣的脫皮。適用乾燥、敏感、經常日曬及需要溫和滋潤的肌膚，嬰兒也適用。是手工皂的高級素材，作出來的皂質地溫和保濕且較硬，建議添加比例20%以下。當作超脂時，用量添加比例5%至10%，會產生像乳液般的柔細泡沫。

各式油品參考皂價化與添加比例

油脂種類	英文名	氫氧化鈉／NaOH	INS值	添加比例建議
橄欖油	Olive Oil	0.1340	109	100%
椰子油	Coconut	0.1900	258	30%
玫瑰果油	Rose Hip Seed	0.1378	19	10%
乳油木果脂	Shea Butter	0.1280	116	20%
棕櫚油	Palm	0.1410	145	20%
芝麻油	Sesame Seed	0.1330	81	50%
白油	Shortening（veg.）	0.1360	115	30%
葵花籽油	Sunflower Seed	0.1340	63	10%至20%
小麥胚芽油	Wheatgerm	0.131	58	5%至10%
苦楝油	Parker neem oil	0.139	124	10%至20%
苦茶油／苦茶籽油	Tree seed oil	0.138	108	100%
榛果油	Hazelnut	0.1356	94	100%
酪梨油	Avocado	0.1339	99	72%
甜杏仁油	Almond, Sweet	0.1360	97	30%
棕櫚核油	Palm Kernel	0.1560	227	227
琉璃苣油	Borage Oil	0.1357	50	10%
桐油	Tung Oil	0.1370	163	20%
澳洲胡桃油	Macadamia	0.1390	119	72%
山茶花	Camellia	0.1362	108	72%
荷荷芭	Jojoba	0.0690	11	10%
大麻籽油	Hemp Seed	0.1345	39	20%
葡萄籽油	Grapeseed	0.1265	66	10%
月見草油	Evening Primrose	0.1357	30	10%
可可脂	Cocoa Butter	0.1370	157	15%
杏桃仁油	Apricot Kernel	0.1350	91	72%
開心果	Pistachio Nut	0.1328	92	72%
蜂蠟、蜜蠟	Beeswax	0.0690	84	5%
蓖麻油	Castor	0.1286	95	15%
米糠油	Rice Bran	0.1280	70	20%

製作手工皂的添加物有哪些？

天然花草

使用天然花草入手工皂，大致可以分兩種方式。第一種是用熱水沖泡，等待沖泡完成的花草茶溫度冷卻之後，再用來溶解氫氧化鈉，製作手工皂。以此種方式將花草入皂，花草茶經過氫氧化鈉的強鹼作用之下，香味無法持久，色彩也會改變。

另一種方式是將乾燥的花草茶浸泡到製作手工皂的油品中。油品的選擇可使用品定性較高、較不易氧化的油來製作，例如：橄欖油，此種方式稱作「浸泡油」。

浸泡油的製作方式即是將乾燥的花草完全浸泡入油品中，密封瓶口後靜置於陰涼處保存，浸泡至少一個月以上再行使用。此種方式是經由時間的等待過程讓花草的功效釋放到油品中。這樣花草氣息還有些許被保留機會，花草功效也較能有效發揮。

適合用來沖泡融鹼的花草植物有艾草、抹草、絲瓜水、咖啡……

適合用來浸泡油品的花草植物有紫草、玫瑰、薰衣草、金盞花、迷迭香、洋甘菊……

香氛調配

親手製作手工皂的好處除了選擇天然材質入皂，享受自然無負擔的生活之外，還有一項迷人之處，就是親自調配每款手工皂的香氛。

加入手工皂的香味可分成天然的精油及香精。香氛的添加時間是在鹼液與油品混合變成稠狀皂液、入模之前。天然精油因為本身稍具揮發性，而且在加入手工皂後需要經過一至二個月的等待熟成，在經過這樣的過程，濃郁的精油氣息往往會消失，不過精油的部分特質與功效多少還能保留在手工皂中。選擇使用香精入手工皂剛好可以彌補精油在此部分的不足，通常添加比例控制在0.5%至1%即可見效果。但因為香精的製作過程、品質不一，雖有迷人氣息卻不一定適合每一個人。在此建議，製作給敏感性肌膚與嬰兒用肌膚的手工皂配方不一定要使用香精。添加香精與精油之前要斟酌比例，以免過度添加，增加肌膚的負擔。

礦泥粉類

選擇天然的礦泥、粉類入手工皂可以視肌膚狀況調整，不同的礦泥、粉類會因使用方式及添加物而有所差異，在使用每一種材料前都應該先於肌膚測試，確定無異狀後才可以大面積使用，但請避開眼睛周圍及有傷口處。另外，某些顆粒較大的粉類加入手工皂後，還可以增加手工皂的觸感與按摩肌膚表層作用，並經由按摩的過程去除老舊角質。但需注意顆粒的大小否則會影響觸感，太大或尖銳的顆粒容易刮傷肌膚。製作在臉部使用的去角質手工皂與身體使用的去角質手工皂應有區隔，以免受傷。

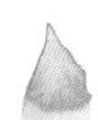 天然礦泥

白石泥

富含鋁，適合老化、敏感、粉刺、發炎的肌膚。

綠石泥

外觀為綠灰色，具消毒、癒合的功能，可治療面皰或有問題肌膚，可防止老化、平衡混合性肌膚、促進淋巴及血液循環、深層清潔，可吸收分泌過多的油脂，深層清潔毛孔中的髒東西，收斂效果特佳，用在青春痘及油性肌膚效果佳。

暗紅石泥

適用於乾燥、敏感肌膚，可細微的再度補充、改善細胞疲乏狀態。富含礦物質，尤其鐵的含量特高，可改善膚質，特別是壓力大及疲乏的肌膚。

象牙白石泥

象牙白石泥是多用途的石泥及天然的吸收中和劑，可以製作成蜜粉、爽身粉、身體及肌膚保養敷面產品、髮膜、除臭劑。象牙白石泥是一種溫和的中性石泥，因此可用在敏感肌膚，具輕微的收斂效果，鋁含量較高。也可促進傷口復原，促進肌膚循環，並且溫和的去除角質、清潔肌膚。

嫩粉紅石泥

所有膚質皆適用，特別是熟齡肌膚。搭配純露敷面可柔化肌膚，淡化細紋，讓肌膚富含水分。細緻的嫩粉紅石泥可堅牢的吸附自然的元素，提高肌膚胞外基質組織的連結，消除臉部細紋。

黃石泥

具有極佳的收斂及修護效果，適用於油性、面皰、暗瘡、毛孔粗大、發炎等問題肌膚。

黑石泥

有豐富的鐵和氧化物，最常加在乳霜、口紅、染眉毛膏，是一種無毒的礦物，用於清洗媒介，特別有助於滋養肌膚。

粉紅石泥

含鐵質氧化物較高，形成天然的玫瑰紅色，加上其他的微量元素，除具排毒作用外，亦有修復受損細胞的作用。

紅石泥粉

可吸收分泌過多的油脂、深層清潔毛孔中的髒東西，用在乾燥及敏感肌膚效果佳，外觀為淡紅色。

天然植物粉類

咖啡露露粉

由印尼所產的二十三種草藥及爪哇咖啡研磨而成，可去角質、瘦身，洗完肌膚滑嫩不澀，可直接和水使用。手工皂添加比例為5%至20%。

綠茶粉

含豐富兒茶多酚，具優異抗氧化性能，促進血液及淋巴循環，防止浮腫。

粗碾玉米粉

玉米曬乾後直接磨粉，具保濕效果，使用感舒適，使用後可使肌膚光滑、細緻。

珍珠粉

含有豐富的游離鈣、珍貴的珍珠蛋白、十八種人體必需氨基酸、十五種微量元素，成分天然。可活化肌膚、養顏、美白、排毒、傷瘡收斂。可添加於手工皂、面膜、保養品，比例不限。

綠豆粉

保濕、清潔效果佳，可殺菌、消炎、解毒、收斂油脂分泌、美白，兼具改善青春痘之效。

薏仁粉

可改善黑斑、雀斑、膚色暗沉等問題。可排除多餘水分，達到瘦臉效果。

杏仁粉

可軟化肌膚角質層，並可以抑制皺紋的產生，適合用來製作清除角質與縮小毛細孔的敷面劑。

燕麥粉

含有豐富的維生素B群及纖維，以搓揉的方式達到去角質的效果，使肌膚光滑柔嫩，具抗發炎、緊膚功效。

酵母粉

能促進肌膚新陳代謝，由於非常溫和，所以最適合敏感肌膚使用，可減少粉刺。

芝麻粉

富含維他命E、礦物質硒及芝麻素，可抗氧化抗自由基，保濕且滋潤。

天然穀物去角質粉

由印尼的天然穀物磨粉而成，可以美白、輕柔去角質，可用於敏感的臉部肌膚。製作手工皂時添加比例為10%，或直接調水成糊使用。

小麥胚芽粉

富含維他命E、蛋白質，能養護乾燥肌膚。

玫瑰花細粉

直接調水成泥即成面膜，保濕、抗發炎作用效果卓越。對老化、乾燥肌膚特別有效。

薰衣草細粉

直接調水成泥即成面膜，能抑制曬傷、肌膚乾燥發炎，可收斂及幫助細胞組織的再生。

洋甘菊細粉

直接調水成泥即成面膜，鎮靜、保濕、發汗、抗菌效果極佳，能緩和緊張、消除疲勞。

以色列死海黑泥

具有促進血液循環、鬆弛緊張、促進新陳代謝、延緩老化等功效，可滋養、清潔肌膚並促進再生。若使用於頭皮，養份會滲入頭皮毛囊內，能強化髮根，幫助毛髮生長。建議添加比例在5%至10%。

製作完手工皂的工具該如何處理？

剛剛製作完手工皂的工具因為皂化過程並沒有全部完成，所以鍋子與其他工具都會殘留鹼與油，若要在此時即刻清洗，恐怕會傷手，又無法完全清洗乾淨。格子建議將鍋子與工具組繼續擺著，一天之後再動手洗淨，這樣就會很方便清潔了。清潔時要注意，此刻皂液雖然都已經變成手工皂了，但並非全部的物質都是質地溫和的，請務必帶著手套，肌膚才不容易受傷。

製皂完成之後，有時會發現有白白的粉，好像發霉，還能用嗎？

製作完成的手工皂，有時表層會有淡淡的白色粉末，看起來像是發霉了，這是因為手工皂在製作、保溫過程中，溫度會慢慢增高完成皂化反應，之後再慢慢降溫，而皂粉的產生就是在手工皂溫度尚未完成降溫時，表面就與冷空氣接觸，所以會產生白白的皂粉。皂粉並不會影響手工皂的品質，但會影響美觀。為了避免這樣的情形發生，可以讓手工皂在保溫箱中待上兩天，以確保手工皂的溫度下降完成，減低皂面與冷空氣接觸的機會。

製作的材料不容易凝固，是怎麼回事呢？

初學者在製皂過程中，最常發生的狀況就是材料不容易凝固，可能的情況有下列幾種：

● 材料的製作配方計算錯誤或調配過程錯誤。

每種油品都有每公克形成手工皂所需的氫氧化鈉量，即稱皂化價。通常初學者在這個環節容易發生狀況，比如皂化價查詢錯誤、皂化價計算過程錯誤、油脂調配錯誤等狀況。在這一過程中，若發生錯誤，就會導致製皂過程發生問題。

● 攪拌工具影響或速度太慢。

攪拌過程中，在混合初期，鹼液與油脂是不相混合的，所以若使用手動攪拌工具，就需要持續不斷的攪拌大約15分鐘左右，以加速反應。若在這個過程中，油脂溫度下降了，卻又無法讓皂液變成濃稠狀時，不妨嘗試以下兩種方法：

1.回鍋隔水加熱，讓皂液溫度稍稍提高，繼續攪拌。

2.改用電動工具來攪拌皂液。

● 天氣溫度過低、濕度過高，導致失敗。

天氣溫度過低、濕度過高，都不適合製作手工皂。氣溫過低時，油脂容易形成固態的油脂，像是棕櫚油、椰子油、白油、乳油木果脂，這些稱為硬油的油品容易凝結成塊，皂化過程質地混合不均勻，完成後的手工皂會有些地方過硬，有些地方還是呈現軟爛的情況。

天氣濕度過高，像是梅雨季節，此時製作的手工皂容易過度吸收空氣中的水分，導致完成之後的手工皂容易「冒汗」，而並且油脂容易酸敗。

手工皂「冒汗」了，是怎麼回事啊？

手工皂會「冒汗」有兩種情況。一種發生在製作完成，送入保溫箱之後。經過完整的製作過程與妥善的保溫工作，手工皂在保溫箱中會繼續進行皂化。有時皂中間的顏色會慢慢變深、變透明，呈現果凍狀態。經過時間的變化，手工皂溫度慢慢冷卻下來，從半固體的果凍變成固體的手工皂，表面會凝結成水珠，看起來好像在冒汗。這個時候只要拿張乾淨的衛生紙把手工皂表面的水珠擦乾，繼續擺放在保溫箱，等待溫度慢慢降下來，完成之後的手工皂就會是一塊好用的皂。

另一種情況是發生在製作完成的手工皂。一般來説手工皂含有豐富的甘油，甘油是對人體肌膚有益處的物質，而甘油又容易與空氣中的水分相結合，於是在手工皂的表面形成水分。這時只要用乾淨的衛生紙將手工皂表面的水分擦乾，這塊手工皂還是可以使用的。若希望避免此種況，則請在手工皂熟成後以包裝紙把手工皂包起來，避免與空氣中過多的水分結合。

手工皂變色了，而且還有怪味道，還能使用嗎？

手工皂變色有兩種情況，一種是在保存沒有問題，而外觀自然而然變成黃色，但這樣的黃是很均勻的，沒有哪一處有特別明顯黃斑，聞起來沒有特別不舒服的油味，代表這塊手工皂是質地非常溫和的老手工皂，可以放心使用。另一種情況發生在製作過程因為配方計算出問題、攪拌過程沒有均勻、保存狀態過於潮濕或高溫等變因下，手工皂產生不均勻的黃斑，甚至整塊手工皂濕答答、油膩膩，有油臭味，這樣的手工皂就不要使用了。

怎樣才是一塊製作成功的手工皂？

好不容易親手完成的手工皂，要怎樣才能知道這塊皂的質地是不是均勻？什麼時候才能使用呢？格子認為可以從幾種狀況來判定：

● 手工皂上層軟爛、下層硬度較高。

手工皂完成一週左右，可以嘗試脫模，以刀子切開，看看質感。若發現手工皂的上層比較軟、下層比較硬，甚至還有點裂開，那就代表這塊手工皂在攪拌過程中沒有充分混合，導致較多的氫氧化鈉沉積在底部。這樣的手工皂上層較軟，因為油品並沒有充分皂化，會導致上層手工皂容易酸敗、下層手工皂過鹼的情況，是不適合拿來使用的。格子建議製作成研磨手工皂使用。

● 手工皂切開中間有泡泡。

把完成的手工皂切開，仔細觀察，若手工皂裡有較多的空洞，可以分為幾種狀態來判定。一種是細微的泡泡，每個泡泡大小細緻，但有些微的白粉，可能是混合初期油品與鹼液沒有均勻，請耐心等待，加長熟成的時間，就能夠使用。一種是在倒入皂液時，因太過濃稠導致倒入時間過慢、手工皂流動不易，完成後的手工皂是可以放心使用的。最後一種是切開後有較明顯的泡泡，而且有水分流出，有可能是在混合情況不佳，而流出來的水分有可能含有較高的PH值，會傷害肌膚，這樣的手工皂就不適合使用囉！

● 測試PH值。

完成的手工皂除了切開來觀察中間質地，在熟成期後還可以用石蕊試紙測試PH值，通常按照正確步驟完成的手工皂，PH值大約會落在8至9左右，算是很溫和的清潔用品。通常市售的手工皂酸鹼度是在PH10左右。

手工皂容易軟爛、變形，而且很快就用完了，感覺很浪費該怎麼辦？

手工皂含有豐富的甘油成分，是對肌膚很有益處的成分，導致常常用到一半就會有透明、黏黏的物質跑出。建議使用手工皂時，可以選擇兩塊以上交錯使用，並且保持皂盒的乾燥，這樣才不會讓手工皂變得軟爛。

另外，在製作配方裡適度添加白油，因為白油可以讓手工皂的質地變得厚實、泡沫細緻，並且減緩溶化速度，通常添加比例為**10%**就能夠感覺出成效。

手工皂好不容易製作完成，該如何保存呢？

好不容易辛苦完成的手工皂，製作完成之後請置放於通風、陰涼的場所，避免高溫、陽光直射的地方。以免空氣中的濕度、高溫破壞了手工皂的組織，導致手工皂發生提早酸敗、變質等情形。

請跟格子這樣製作手工皂

Step by Step

製作步驟

1. 準備製作手工皂所使用的工具。
2. 準備製作手工皂所使用的模型工具。
3. 量好所需的氫氧化鈉。
4. 量好所需的水（純水或RO水），並將氫氧化鈉小心倒入量好的水中，攪拌均勻。
5. 量好所需的油脂。
6. 鹼水需要降溫，油脂需要加溫，將兩者溫度皆控制在50℃左右時就可以混合攪拌。
7. 將鹼水分少量、多次倒入油中，一邊倒一邊攪拌。攪拌動作持續5至10分鐘，不要停止。
8. 攪拌過程若時間較長，可以用電動工具加以輔助。
9. 使用攪拌機器時以同心圓的原理來攪拌，但邊緣的皂液並沒有被攪拌到，所以要使用手動攪拌工具加以攪拌，讓整體的皂液混合式均勻，製作出來的手工皂質地才會是札實的。
10. 在手工皂攪拌到一定程度（Light Trace）時，可以加入添加物。（粉類添加物可以先使用甘油攪拌均勻再加入，避免攪拌不均勻。）
11. 加入精油，並且繼續攪拌均勻。
12. 攪拌至手工皂表面有痕跡，差不多就是trace的狀態，代表已經可以入模了。
13. 方型模型與矽膠模型入模的時機約略有不同，造型複雜的模型入模時間要早一點，讓皂液的流動性還稍高一點時會比較好操作。反之，方形手工皂就可以等濃稠一點再入模。
14. 入模之後的皂液，可能還存有一點氣泡，記得輕輕的敲動它，讓氣泡慢慢浮出。之後送入保麗龍裡保溫等待24小時之後再打開，約1至2天後可以脫模、切塊。脫模之後放置陰涼、通風處等待熟成，4至6週之後即可使用。

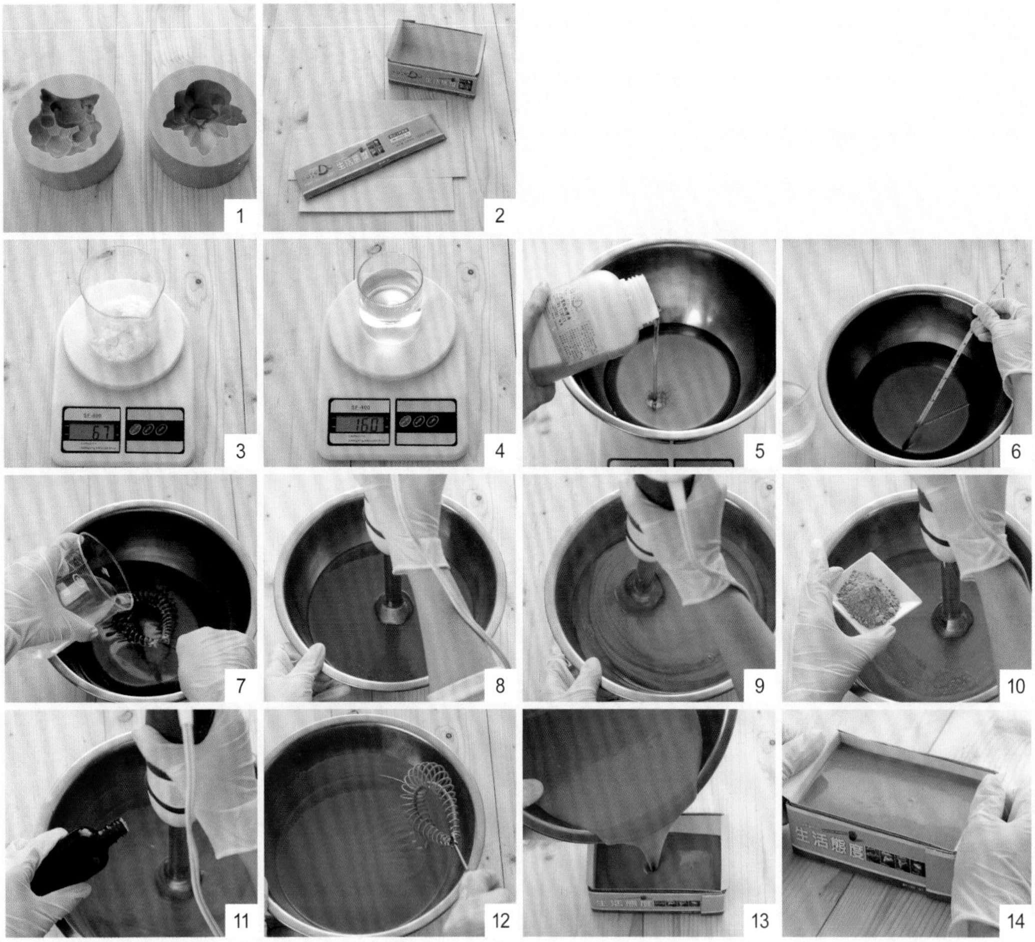

DIY包裝設計

自己製作的保養品、手工皂，只要搭配簡單的標籤貼紙列印，在家也能夠做出有質感的香氛商品。記得幫您的保養品與手工皂穿上美美的外衣，贈送親朋好友會很有面子的喲！

在動手調製保養品之前

先來認識一下基礎材料。

乳化劑

乳化劑的作用在於降低不相容物質的界面張力，讓兩種不相容的物質行成乳濁液的型態，例如：水和油原本不相容，在添加了乳化劑之後，就可以製成乳液或乳霜，所以乳化劑也算是一種界面活性劑。又依據不同保養品與彩妝的功能，格子將乳化劑簡單分成冷作型與熱作型來作說明。

乳化劑分為油包水型（防水型），製作彩妝與防曬用品專用；及水包油型（一般型），製作乳液、乳霜專用。

冷作型乳化劑

市售的冷作型乳化劑有的叫做「冷作型乳化劑」，也有的稱為「簡易型乳化劑」，配方與內容都不盡相同，但在操作上只要將油與水的比例調整好就能使用。不僅不需要經過加熱，也無需使用太複雜的公式計算，即能輕鬆製作出成品。本書使用的冷作型乳化劑為一般型，建議使用比例為：

- 乳液：冷作型乳化劑1%+油 5%+純水93%+抗菌劑1%
- 乳霜：冷作型乳化劑2%+油10%+純水88%+抗菌劑1%

熱作型乳化劑

可分為油包水型（防水型），製作彩妝與防曬用品專用，及水包油型（一般型），是製作乳液、乳霜專用。通常熱作型乳化劑製作出來的成品較為安定，而且對粉體及酸鹼值高的原料耐受度較高。操作需經過加溫（大約75℃至80℃左右）的程序，讓乳液與面霜的穩定度提升。本書使用的熱作型乳化劑總共有三款：

天然橄欖乳化劑1000型

是有機認證的原料質地溫和、滋潤，由橄欖油中萃取，滋潤並且能保護皮膚、過濾紫外線增加皮膚彈性。能耐酸鹼、屬於一般型（水包油）的乳化劑，製作乳霜、乳液專用。

葡萄糖乳化蠟

由葡萄糖製成，乳化效果佳、質地溫和但是製作出來的成品不似橄欖乳化蠟般滋潤，適合油性肌膚的人使用。屬於一般型的乳化劑，製作乳霜、乳液專用。

天然橄欖乳化劑900型

是有機認證的原料質地溫和、滋潤，由橄欖油中萃取，滋潤並且能保護皮膚、過濾紫外線增加皮膚彈性。屬於防水型（油包水）的乳化劑，製作彩妝與防曬用品專用。本書使用的熱作型乳化劑為，建議使用比例為：

- 乳液：熱作型乳化劑3%+油5%+純水90%+抗菌劑2%
- 乳霜：熱作型乳化劑5%+油10%+純水83%+抗菌劑2%

 界面活性劑

界面活性劑就是能打破物質界面的一種成分，例如：水無法將碗盤上的油漬沖掉，但透過清潔劑與水的搭配，就能把碗盤清潔乾淨，所以清潔劑就是所謂的界面活性劑。一般界面活性劑可分為陰離子、陽離子、兩性離子、非離子型四種；而界面活性劑依功效又可分為乳化劑、起泡劑、清潔劑、分散劑、殺菌劑、柔軟劑等等。

陰離子界面活性劑

常用於清潔產品中，具有良好的去油及起泡功能。本書使用的有機椰子油起泡劑、氨基酸起泡劑、橄欖油起泡劑、玉米油起泡劑屬於此類型。

陽離子界面活性劑

具有抗靜電及柔軟功能，最常被添加在潤絲精及護髮產品中，能讓頭髮更柔順。

兩性離子界面活性劑

清潔劑泡沫軟細緻，去油力適中、刺激度低，又兼具保濕功能，因此常與陰離子界面活性劑一同使用。由於原料溫和的特性，所以很常被用在嬰兒的清潔用品中。

非離子界活性劑

具有乳化、消泡、增稠和安定劑型的作用，因此要讓產品穩定、有效又容易使用，非離子界面活性劑扮演著舉足輕重的角色，能讓保養品的有效成分充份並均勻地分布在產品中，並皮膚所吸收。本書使用的透明乳化劑、橄欖酯、橄欖乳化蠟（900型）、橄欖乳化蠟（1000型）、精油乳化劑、冷作乳化劑（油包水）屬於此類型。

增稠劑

精華液、面膜、眼膠……等水溶性凝膠類產品幾乎都會添加增稠劑。以凝膠類型產品來說，就是把保養品類的主要成分（例如：萃取液、保濕、美白等等有效成分）提高，再添加適量的凝膠形成劑，讓原本成品狀態很稀的化妝水，轉變成具有稠度的膠體。藉由劑型的改變，讓保養品的有效成分更容易附著在肌膚上。常用的凝膠材料大約可分為速成透明膠、三仙膠、Mc甲基纖維素、HEC乙基高分子纖維素、化合高分子膠等。

速成透明膠

是一種複合式的增稠劑，主要是由水、甘油、聚丙烯酸納所組成，適合用來製作保濕凝膠，可依據希望的稠度來調配比例。但若添加金屬離子型原料則會破壞成品的黏性。不適用含有椰子油起泡劑或氨基酸起泡劑的清潔產品。本書使用的蘆薈凝膠、玻尿酸凝膠皆屬於此類型。

化合高分子膠

白色粉末狀原料，是一種很常見的增稠劑，普遍添加於市售產品中（例如抗菌乾洗手），可作出透明、果凍膠狀的凝膠。基本上要與鹼劑一起作用，才會形成固體不流動型的凝膠質地。建議添加濃度為1%左右。本書使用的凝膠形成劑（耐酸鹼、耐離子型）屬於此類型。

MC甲基纖維素

白色粉末狀，可製作出呈現透明質地的凝膠成品。質地不黏稠，優點是易溶於冷水及熱水，但塗在皮膚上時會有白白的感覺。建議添加比例為1%。

HEC乙基高分子纖維

白色粉末狀原料，可製作出透明質地流動型的凝膠體。增稠效果佳不黏膩，粉與水拌勻後加熱至75℃，再用打蛋器打勻即可（電動打蛋器為佳），建議添加比例為1%至3%。

三仙膠

米白色粉末狀原料，溶於水之後會呈現米黃色半透明的凝膠質地，凝膠質地稍具黏稠感，需多次攪拌均勻才能完全溶解，隔水加熱則會加快溶解速度。建議添加濃度約2%左右。

抗菌劑

油及水是構成化妝、保養品中主要的成分。水裡面含有微生物，油裡面提供了微生物最佳的營養來源，加上其他甘油等保濕成分，可提供細菌等微生物的碳素來源。加上製作過程中，調配者不似化妝保養品同業人員是處於安全、低污染的環境中製作，使用者使用期間，與手、空氣的接觸……都會帶進細菌進入保養品中，所以適度的添加抗菌劑是很重要的事情。在此針對此書所用到的抗菌劑來作說明。

透明奈米銀抗菌劑

屬一種無機的抗菌劑，也一種較全方位的抗菌劑，對於黴、菌都有不錯的效果。因為成色是透明的，所以不會影響到成品色彩。添加1至3%可當作抗菌劑使用；在香皂中添加5%可作為抗菌皂；使用濃度提高到5%左右還能有不錯的除臭效果。

葡萄柚籽萃取液（GSE）

是一種天然的抗菌劑，可有效對付兩百多種細菌，用量低、效果佳。建議添加比例為0.2%至0.5%。

白楊柳樹皮萃取液

是一種天然的抗菌劑，含20%天然水楊酸，可去角質、抗痘、抗微生物。造成過敏、刺激等副作用的機率低，可使皮膚白皙亮麗。

蘿蔔根（泡菜）酵素濾過液

由天然泡菜中萃取，泡菜亮肽乳酸桿菌藉由酸化其環境來限制微生物的生長（具天然抗菌效果，添加1%即可維持4至6個月）。並可對抗問題皮膚（如痘痘、發炎、粗糙），且可保護、保養頭皮、維持頭皮健康狀態。建議添加比例為0.5%至2%。

日本山葵根酵素萃取液

氧化、抗菌（天然抗菌劑，添加比例約1%至2%即可）效果極佳，具特殊效益化合物——氧化還原酶類、異氰酸塩類、芥子油苷類，氧化還原酶類包括過氧化物酶和SOD。可促進存於皮膚內抗氧化物的活性，保護皮膚免受不必要的傷害。建議添加比例為1%至5%。

去角質劑

用來去除老廢角質的成分，一般可分成酵素、酸類、摩砂等三類。酵素去角質的效果較不明顯，而使用磨砂類去除臉部的角質，有時會引發皮膚的刺激。果酸、水楊酸這類型成分則是目前的主流。去除角質可以幫助肌膚的細胞再生，並且改善皮膚的外觀，幫助肌膚有效吸收保養品。

純露

本書中，使用最廣泛且用量最大的部分，就是以純露取代純水來製作保養品，讀者可以自行思考是否有需要。

植物純露的特性

- 精油提煉（蒸餾）過程中的衍生品，含有約0.3~0.5%的精油水溶性成分，所以在原料性質上仍保有原有精油的芳香、部分療效和輕微的抗菌性。
- 純露含有精油所沒有的植物精華（如單寧痠及類黃酮），使得有些純露可具收斂性、調理肌膚的功能。
- 相較於精油，純露低濃度的特性比較容易被皮膚吸收，且完全無香精及酒精成分、質地溫和不刺激。
- 純露可當化妝水使用，濕敷時調理肌膚。當肌膚需要補充水時，可隨時地噴在肌膚、身體、髮絲上，能提供肌膚涼爽保濕的呵護。
- 相當適合代替純水來調製各種面膜及自製保養品，或製成手工皂。

玫瑰純露

保濕性極佳，能增加並保持肌膚的水分，適合中性、乾性、成熟、敏感、黯沉無生氣的肌膚使用。玫瑰具有清涼及十分溫和的收斂效果，應用於面膜、蒸臉、濕敷，用來泡澡可達放鬆、恢復活力的效果。

摩洛哥橙花純露

能幫助細胞再生，增加皮膚彈性；用來泡澡可鬆弛緊張、壓力；作成收斂水適合敏感、油性、皺紋的皮膚使用。

薰衣草純露

可殺菌、消炎、蚊蟲叮咬止癢，抑制因曬傷和乾燥引起的發炎，且具收斂效果，能幫助細胞組織的再生，恢復皮膚彈性活力，並促進傷口結痂、消除皮膚疤痕。

依蘭依蘭純露

適合任何膚質，可平衡油脂分泌，能舒緩肌膚、強化細胞再生能力，溫和不刺激，具柔膚、滋潤及殺菌作用。用來泡澡可紓解緊張壓力，能對抗憂鬱情緒，且具催情、安神、安眠等作用。

加拿大白雪松純露

雪松純露加上迷迭香純露能防止頭髮日漸稀疏、掉髮、頭皮癢、頭皮屑、增加乾燥受損或染髮後的頭髮光澤柔潤度。將雪松噴在動物毛髮上，可以預防跳蚤及產生皮屑，還可給予毛髮光澤及優雅的香味。

德國藍甘菊純露

可改善問題性皮膚，對濕疹、曬傷、面皰、粗糙的皮膚特別有效。

藍膠尤加利純露

是天然安全的驅蚊利器，抗菌力強，可改善青春痘、黴菌、香港腳、頭皮屑等皮膚感染，但四歲以下幼童勿使用。

西班牙迷迭香純露

收斂緊膚效果特佳，具有預防肌膚防老化的效果。用來泡澡能減輕充血、浮腫現象、減輕壓力。能促進頭髮生長、增加光澤、減少頭皮屑，適合油性皮膚。

爪哇岩蘭草純露

具有多種護膚功效，特別適合油性肌膚和褥瘡患者。岩蘭草+廣藿香純露用來泡澡可刺激免疫系統、改善關節炎、風濕症和肌肉痠痛，並具有深度放鬆的功效。適合飽受壓力、焦慮、失眠或憂鬱所苦的人。

法國苦橙葉純露

可減少皮脂的分泌，也是溫和而有效的殺菌劑，因此非常適合用來保養肌膚。

用來洗髮時可抑制油性產生頭皮屑，效果特佳，且具有除臭功效。

喜馬拉雅杜松果純露

具解毒、潔淨效用，洗臉後將杜松果純露當成化妝水噴灑在臉上，對油性或粉刺型肌膚特別有效。

衣索比亞乳香純露

輕輕噴灑於臉部，待肌膚自然風乾後，會發現肌膚立即變得更細緻、緊實，非常適合在夏天又熱又濕的環境中使用。

快樂鼠尾草純露

能減少排汗量，對因交感與副交感神經不平衡所引起的排汗過多特別有效，像是噴在腋下、腳底。鼠尾草是強效的抗氧化劑，對抗皺、老化效果非常好。

印度黑胡椒純露

對付肌肉痠痛、僵硬、疲倦效果優異。

法國茉莉花純露

非常適合用來護膚、調製保養品時代替純水來使用。特別適合燥熱、乾燥及敏感肌膚，並具有催情、抗憂鬱作用。

澳大利亞茶樹純露

具清潔、殺菌消毒作用。可作為喉嚨痛、咳嗽、牙齦炎的漱口水使用。以鼻直接吸入數滴茶樹純露，可對抗過敏、鼻竇阻塞問題。

北美綠薄荷純露

味道清新宜人，非常適合於夏天使用。具有止癢、殺蟲效果，抑制皮膚搔癢很有效，濕敷有益皮膚的瘡與痂，亦可以清除毛囊阻塞粉刺。發燒時可以外敷，不僅能快速解熱退燒，也能減輕頭痛腫脹的偏頭痛。

印尼廣藿香純露

具有抗發炎、殺菌、改善皮膚病的能力，也能促進細胞再生。

綠花白千層純露

可作為殺菌效果的漱口水與陰道灌洗液，對尿道感染非常有效，法國婦產科經常使用它來消毒殺菌。以綠花白千層清洗傷口後，以紗布濕敷包裹住傷口，可刺激組織生長，有助傷勢盡速癒合。

澳大利亞綠絲柏純露

與杜松果搭配濕敷可以對面皰問題、靜脈曲張、微血管破裂效果顯著。與薰衣草、洋甘菊純露一同加入泡澡水中，可改善痔瘡。於運動後搭配快樂鼠尾草純露噴於腿部，能幫助放鬆並恢復活力，或加入足浴中能減緩腳踝腫脹。

印尼檸檬香茅純露

以檸檬香茅來泡腳，可讓疲憊的雙腳恢復精神，並減少腳汗的產生。因為味道清香，也是很好的驅蟲劑。

匈牙利聖約翰草純露

對皮膚有非常奇妙的療癒作用，能柔軟並淨化膚色，連續使用一週便能使肌膚呈現水漾般的光澤。

義大利羅馬洋甘菊純露

寶寶護理的第一選擇，可加入洗澡水中或當作睡覺時的舒眠噴霧使用。寶寶若有尿布疹時可以洋甘菊+薰衣草純露作為濕敷，收斂效果極佳。

保養品有哪些劑型？

化妝、保養品的品牌、名稱、包裝琳琅滿目，但一般來說，常見的化妝、保養品種類依據劑型可以分為水溶液、凝膠、乳液、乳霜、精華液、軟膏等幾類。

水

水＋有效成分	**化妝水**
水＋有效成分＋增稠劑	**凝膠、精華液體**
水＋增稠劑＋清潔成分	**洗臉慕斯、洗臉凝膠、洗臉產品**
水＋乳化劑＋油＋有效成分	**乳液、乳霜**
水＋油包水乳化劑＋油＋有效成分＋防曬劑	**防曬乳、防曬霜**
水＋油包水乳化劑＋油＋有效成分＋防曬劑＋BB霜色粉	**BB霜**
蠟＋油＋脂	**香膏、軟膏、護唇膏**

化妝水

以水當作溶劑，添加保水劑或其他有效成分，就能製作成化妝水。

凝膠・精華液

提高化妝品裡的有效成分，並且添加凝膠形成劑（增稠劑）後，就可以作成凝膠。而有些精華液還會以矽靈油當作溶劑，加入有效成分製成。矽靈油是一種質感細緻、液態的油脂，具保濕性，較不易造成毛孔阻塞。

洗臉慕斯・洗臉凝膠・洗臉產品

若是在水溶液增添清潔成分，裝進慕思壓瓶中，就能作成洗臉慕斯，在水凝膠裡加入清潔成分，就可以變成潔面凝膠，所以，若是在乳液、乳霜裡添加清潔成分，就會變成洗面乳、洗面霜。

乳液・乳霜

是水與油混合而成的成品，但必需使用界面活性劑才能將水與油混合在一起。乳液和乳霜的性質差不多，只是乳液中的含水量比較高，且帶有流動性；乳霜則油脂含量比較高，比較濃稠、滋潤。另外，除了在乳液、乳霜中添加清潔成分可作成洗面乳之外，若是添加防曬劑則能製作成防曬品。

香膏・軟膏・護唇膏

以蠟、油、脂作為基礎材料，再添加其他成分於其中（例如：精油）就可作成此類的成品。因為不含水分，所以可不用添加防腐劑，保存期限相對之下也較其他成品來得久。但因為所含的固體油脂比較多，應避免擦在皮脂線旺盛部位，建議使用在手、腳、嘴唇等較乾燥部位。

保養品的成分有哪些？

保養品的有效成分五花八門，加上現今生物科技產業發達，讓保養品原料種類越來越多、越來越新奇。以下針對本書裡所使用的有效成分作分類說明。

植物性萃取液

蘆薈萃取液

可鎮靜曬後的肌膚，預防肌膚發炎，對面皰、過敏、紅腫均有療效。富含多種氨基酸、礦物質、黏多醣體，能發揮優異的保濕效果。建議添加比例為5%至50%。

甘草萃取液

具有癒合過敏性肌膚、預防肌膚粗糙、老化等功效。與烏梅萃取液結合為美白淡化黑色素之用。建議添加比例為1%至5%。

綠茶萃取液

富含兒茶素能抵抗自由基，可抗衰老，預防黑色素沉澱，促進新陳代謝，活化肌膚細胞組織，加速血液循環，使毛孔通透。建議添加比例為1%至5%。

可樂萃取液

含天然咖啡因，能促進脂肪分解，多用於塑身產品。

海藻萃取液

富含有機碘及活性矽，具柔軟、消除充血、消除脂肪等功效，常與長春藤萃取液配用於塑身產品中。建議添加比例為5%至10%。

牛蒡萃取液

能抗發炎，促進血液循環，深具收斂作用。對於面皰問題肌膚及老人斑效果極佳。若是添加於洗護髮產品，可以抗頭皮屑。建議添加比例為5%至15%。

金縷莓萃取液

可收斂肌膚，對抗刺激反應，多用於粗大毛孔的肌膚，可降低刺激，也用於容易發炎的肌膚。建議添加比例為1%至5%。

長春藤萃取液

促進臉部血液循環，提昇新陳代謝力，並具有收斂、鎮靜肌膚及調理皮脂分泌的功能。建議添加比例為5%至10%。

桑白皮萃取液

由桑樹所提煉，並經過脫色處理。能抗氧化、抗紫外線美白，及促進血液循環，是強效美白產品必備的添加物。建議添加比例為3%至5%。

奇異果萃取液

富含天然維他命C、酵素及類胡蘿蔔素硫胺素等微量元素，並含有大量天然果酸，可強效美白。建議添加比例為2%至6%。

馬尾草萃取液

是一款自馬尾草、木賊、問荊所萃取出來的複方萃取液，可增加結締組織強度、排除水分、緊實肌膚、橘皮組織、纖體曲線、抑制頭皮油脂強分泌、健髮根、預防落髮。建議添加比例為1%至5%。

貓爪藤萃取液

可避免油脂囤積於脂肪細胞。與可樂萃取液、植物性咖啡因等具脂肪分解效果的原料共用有加乘作用，並具有抗橘皮組織（妊娠紋）效果。建議添加比例為5%。

小黃瓜萃取液

用於化粧水中，具有緩和的清涼感，使肌膚柔軟、光滑，可抑制老人斑、雀斑的發生。使用於容易生成面皰的漏脂性肌膚上可得到緩和之效。建議添加比例為5%至10%。

紅酒多酚萃取液

自紅酒中萃取，具有高度的抗氧化能力。可中和自由基，讓肌膚恢復明亮、白皙的光澤。建議添加比例為5%至8%。

白楊柳樹皮萃取液

含20%天然水楊酸，可去角質、抗痘、抗微生物。不具過敏性，無刺激副作用，可使肌膚白皙亮麗。建議添加比例為1%至10%。

蘿蔔根（泡菜）酵素濾過液

自天然泡菜中萃取，泡菜亮肽乳酸桿菌藉由酸化其環境來抑制微生物的生長（具天然抗菌效果，添加1%即可維持4至6個月），並可對抗問題肌膚（如痘痘、發炎、粗糙），且可保護、保養頭皮，維持頭皮的健康狀態。建議添加比例為0.5%至2%。

日本山葵根酵素萃取液

抗氧化、抗菌（天然的抗菌劑，添加比例約1%至2%即可）效果極佳，具特殊效益化合物（如氧化還原酶類、異氰酸塩類、芥子油苷類，氧化還原酶類包括過氧化物酶和SOD。）可促進存於肌膚內抗氧化物的活性，保護肌膚免受不必要的傷害。建議添加比例為1%至5%。

阿爾卑斯山花草精華

由阿爾卑斯山七種花草精華萃取而成，屬於天然美白劑。集四種美白機制於一身，更具有其他原料無法比擬的褪斑效果，且具有保濕、抗衰老、均一膚色等效果。建議添加比例為3%至5%。

青柚籽雕塑精華萃取

有強效瘦身、抗痘、抗發炎、去黑頭粉刺及抑制油脂分泌等作用。建議添加比例為3%至7%。

鯊魚軟骨活性精萃

由鯊魚軟骨提煉，能強效去除黑眼圈、眼袋、蜘蛛紋、靜脈曲張、浮腫，抑制金屬蛋白酶、預防紫外線對肌膚的傷害。建議添加比例2%至5%。

植物膠原海藻精華萃取液

含豐富維生素、無機物、微量元素、氨基酸、糖類。能抑制肌膚真菌作用，滋潤且保養肌膚，可形成保護膜，預防水分散失，具濕潤增稠作用。建議添加比例為2%至10%。

植物神經酸胺精華萃取液

可在肌膚上形成薄膜，預防水分蒸發，並調節表皮含水量，增加角質細胞的黏合力達到保濕效果。建議添加比例為2%至5%。

橄欖葉多氛濃縮萃取精華

富含橄欖多酚、類生物黃鹼素，為100%天然的抗氧化物質，可預防肌膚機能衰退。建議添加比例為2%至5%。

酵母細胞壁修護精萃

促進膠原蛋白合成，可有效改善手足乾裂的症狀，促進癒合速度。保濕效果特佳，可直接添加於乳液、精華液中。建議添加比例為1%至5%。（使用前請搖勻，因為有效成分會沉澱）

 胜肽類

胜肽就是胺基酸（蛋白質的最小單位）數目在2-10之間的蛋白質。按照含胺基酸的數目可以分為二胜肽（含兩個胺基酸）、三胜肽（含三個胺基酸）、四胜肽……

六胜肽

能快速去除臉、頸部的皺紋及細紋、緊實肌膚、預防肌膚老化及鬆弛。建議添加比例為8%至10%。

鹽沼海藻（粒腺體激勵因子）

作用於表皮層可除皺。隨著年齡增長，細胞合成的功效不佳時，會造成肌膚色澤不均、皺紋等老化現象，而鹽沼海藻能保護粒腺體，促進角質細胞合成、幫助肌膚抗壓，加速細胞再生速率，使肌膚色澤均勻。建議添加比例1%至3%。

三＋四胜肽（基底肽）

作用於基底膜層可除皺。針對基底膜層開發的高科技胜肽，增加肌膚結構健全、改善分子傳遞黏合。可同時刺激第五型黏連蛋白、膠原蛋白、整聯蛋白。建議添加比例為1%。

小分子三胜肽（TGF-β激勵體）

作用於真皮層可除皺。是一個能消除所有皺紋的高科技三胜肽（小分子穿透速度效果更快）。激勵人體纖維母細胞合成膠原蛋白，補充肌膚缺乏的膠原蛋白，讓肌膚看起來更年輕，經人體測試後發現它能改善皺紋達350%效果。建議添加比例為1%至3%。

三胜肽（類毒蛇血清）

作用於皮下組織除皺。能阻斷鈉離子釋放到肌肉細胞造成收縮，抑制神經傳導肌肉收縮的訊號，能撫平皺紋，減少動態紋的功效是類肉毒桿菌的5倍（添加量僅需2／5），經人體測試後發現，在使用28天後能減少52%的皺紋。建議添加比例為1%至4%。

天然牛奶三胜肽

屬於多肽，可刺激膠原增生、增厚表皮層，且過敏性低。能強效去除魚尾紋、抬頭紋、法令紋，並可柔軟肌膚。建議添加比例為0.3%至0.5%。

其他

尿素

具保濕效果，能軟化角質層，也能預防角質阻塞毛孔，藉此可改善粉刺問題。

維他命A酯

能抗老除皺，促進老廢角質代謝、細胞增生，提供肌膚所需的保護和支援肌膚的生長。維護肌膚和黏膜功能，在治療受傷的組織階段起作用，促進上皮迅速的再生，改善肌膚的外觀，增加肌膚的水分和彈性，幫助受紫外線損壞的肌膚恢復。添加比例僅需0.25%至0.5%。

小分子木瓜酵素

非一般木瓜酵素粉，活性成分僅作用3小時（避免過度作用、提高安全性）。可代替各類型果酸（溫和不刺激），去除老廢角質效果極佳。建議添加比例為1%至5%。

玻尿酸凝膠

除了有玻尿酸的優點外，擁有更好的成膜性和油脂般的保濕感，但卻清爽不油膩。建議添加比例為5至35%。

蘆薈凝膠

由蘆薈膠質提煉濃縮原液，再利用壓克力膠增稠，具有保濕、收斂、美白、鎖水、抗發炎、促進細胞再生等作用。

奈米維他命微囊球（維他命A．C．E．F）

多種維他命經由奈米化後，以微囊球包覆，避免氧化。具有換膚、美白、抗老化多種功效。建議添加比例為1% 至3%。

維他命球活性晶球

包覆型維他命，可完全保留活性成分不會隨著時間而快速氧化。吸水後即會膨脹、軟化，若使用於肌膚上，可釋放出易為肌膚吸收的活性成分。適合添加於凝膠、洗髮精、乳液、面霜、護髮霜之中。

水溶性輔梅（Q10）乳化型

可增加玻尿酸濃度，具有提高肌膚含水量、除皺、抗老化、改善肌膚暗沉等功用。建議添加比例為2%至10%。

維他命B_5（水性）

能促進真皮的膠原蛋白增生、疤痕癒合、預防肌膚老化、皺紋產生。建議添加比例為5%。

清爽型矽靈油

低黏度的矽靈，比較清爽。常添加於洗髮精中以增加頭髮的柔順感，也可用來製作較不油膩的保養品。

頭髮增量增厚複合物

取自植物的胺基酸，由磷酸化、氟化聚合物、棗果萃取物結合而成，有助於潤滑和減少頭髮的角質層。而其中所含的糖類又可增加頭髮厚度、增加髮量、保持捲度。建議添加比例為1%至5%。

蠶絲蛋白（AA級）

極易滲透到肌膚真皮層，很快為肌膚吸收，並參與體內酶的活動，達到護膚、養膚的功效。對於受機械損傷和化學損傷的頭髮有很好的滋養作用，能滲入損傷的頭髮鱗片內部，發揮修復和護理作用，PH4至7，純白無腥味，平均分子量90（可溶於水）。

奈米級鑽石粉

以奈米科技研磨，可深入真皮層，達到除皺、緊實的功效。鑽石本身就具有寶石能量，經過奈米化的鑽石粉末可產生負離子，吸收對人體有害的正離子，因此能促進肌膚血液循環，提升肌膚免疫系統防禦能力。建議添加比例為0.5%至1%。

α-熊果素粉末

屬於白天可使用的強效美白素，調製成產品後，請於7天至10天內使用完畢，以避免氧化。最高添加比例7%以下。

濃縮海洋微量元素粉

人體日常必須攝取的礦物質及微量元素，提供微循環及各種生理活動所需，使機能達到正常、平衡。建議添加比例為0.1%至2%（乳液、化妝水）、5%至30%（面膜、泥膜）。

自行調配的保養品與專櫃保養品有什麼不同？

價格平易近人、有效成分高、成分天然（既然是為愛自己、愛家人、愛地球而製作，當然要選用天然成分）是自己動手調製保養品的三大好處。

專櫃保養品在操作品牌上需要代言、行銷、包裝等花費，增加不少成本，售價自然不低，相較於自己動手調製保養品，所花費用便高出許多。調配者可參考材料供應商的相關數據，針對肌膚的需求調配，就不用花太多錢買到一些不需要的成分，而往往就是這些有效成分提高了成本費用。

市售保養品因為運輸、保存、氣候、存放等問題，製作配方都得考慮產品的穩定性。舉例來說，歐美保養品經過長時間運送，抵達消費者手上時常常距離製造日期已超過半年以上；加上在專櫃美麗又高溫的裝潢燈光下，商品一定要夠穩定、持久，保持不變質的狀態，那麼，在防腐劑的使用上可能就會多考慮，而且還得對抗酸、霉、菌……自然就會添加許多肌膚並不需要的成分，若是使用這樣的保養品，當然會增加肌膚與身體機能的負擔。

手工調製的保養品最大的魅力就是，可依據膚質來調配適合自己的保養品，但是，手工調製的保養品常常因為操作問題，導致在使用時對肌膚造成傷害。所以，當你依據本書配方調製保養品時請務必多加留意調製分量。

格子提醒你，動手調配保養品之前，一定要熟讀原料配方的使用比例建議、使用方法、注意事項，這樣才能事半功倍。而在調配過程中，所有的清潔功夫都不能隨便，才能製作出一款安心使用的保養品，因為調配的環境裡有很多的細菌與微生物（並沒有在無菌或實驗室等等比較專業的空間進行）。最後就是肌膚的測試工作了！經過以上的幾道手續後，才能確認這款自行調配的保養品確實是適合自己肌膚使用的自然保養品喔！

瓶瓶罐罐都要清潔嗎？

清潔手工保養品的瓶瓶罐罐，是一個需要花點心思的工作。生活當中，可愛的小果醬瓶、便利商店裡頭甜品區的玻璃布丁罐、用完的保養品瓶罐……可千萬別丟棄，這些都可以加入手作保養品的行列。請先仔細清洗瓶罐，以乾淨的牙刷刷除瓶口殘留物，再把瓶上的標籤去除，再使用75%的酒精確實把瓶上的細菌殺光光，之後放著晾乾（或放入烘碗機烘乾），就可以用來裝手工調製的保養品了！

動手製作之前一定要確實消毒嗎？

調製手工保養品，消毒是一件很重要的事情。因為保養品中的水分、養分都是細菌、黴菌的溫床，尤其是在製作過程中會添加大量的萃取液、油脂，稍一不小心手指頭就可能夾帶不乾淨的小東西進入保養品中，整罐辛苦調製的保養品就得跟你説掰掰囉！所以，動手製作之前一定要確實將攪拌器、調製的玻璃棒、燒杯……徹底消毒一番，連雙手都要確保乾淨，儘可能降低環境可能造成的汙染，讓保養品是乾淨的！

一次要調製多少分量？

手工調製的保養品，最讓人擔心的就是耐久性。本書中的配方因大量使用天然植物油，因此會有較易變質的問題。但自然素材的養分能提高有效成分、降低防腐劑，又是許多手工保養品調製者最希望作到的，所以在此建議，每次製作的分量不要太多，一次調製的量最好控制在1至2個月能使用完畢。這樣的好處除了可以讓保養品保有新鮮度之外，還可以依據不同季節、不同膚質的變化來調整保養品的內容。

是否會有過敏或不適的情況產生？

市售的保養品上市之前，一定需經過人體肌膚測試，確定能夠為大部分肌膚人使用的商品才有可能上架販賣，所以，當你在調配完成之後，一定要給保養品一次機會，先自行小面積的測試一下，看看肌膚是否有過敏或不適的情況產生，確認配方是否適合自己的膚質後再使用。

書中的配方都得照做嗎？少掉一、兩樣有沒有關係？

格子必須說：只要更改了配方，或多或少對成品的功效都會有影響。為什麼呢？格子特別針對書中的材料配方做個說明。

純露：

書中所有的保養品都用純露取代純水來製作，相對之下成本無疑提高很多，但配方中使用的純露都是依據該保養品需求而特別挑選出來的。若為荷包考量，其實可以純水替代，但水的有效成分自然不及純露的有效成分來得多。

精油・香氛：

手工皂的基本功能在於清潔，而且使用過都後會以清水洗淨，並不會在肌膚表面停留過久，添加些許香味可以在使用時營造氣氛，給使用者不同的味覺感受。一般香皂可以添加香精或精油，香精的添加比例在1%左右就有不錯的效果。因為精油具有揮發性，所以只要添加少量即可，因為在經過一個月的熟成之後，味道都已經淡掉了。格子作皂時精油添加的比例都會在2%至3%左右，添加比例如此之高，整體成本也會非常驚人。所以，格子書中配方中的精油都是「建議劑量」，可以自行調整。格子建議給寶寶或敏感性肌膚者使用的香皂，因為肌膚比較敏感，其實可以不要添加任何的香氛，以避免發生過敏情況。

保養品不像香皂，使用過後會停留在肌膚表面，所以就得選擇化妝品級的香精。化妝品級的香精成分會比一般的香精稍好些，成本也比較高，添加的比例請控制在1%以下，避免使用太多而對肌膚造成負擔。至於精油，則控制在0.5%至1%左右，因為過多的精油會造成肌膚的過敏（20滴精油約為1公克）。使用精油時，也請避開光敏性的精油，以免稍一疏忽，肌膚就受傷了。

至於精油噴霧、精油膏等保養品，因為用量與功效等問題考量，添加比例就可以隨興一些。

油脂：

一般製作保養品脂類的油品會比液態狀的油品穩定性來得高些。所以格子會選擇滋潤、保濕、吸收度都不錯的乳油木果脂當作基底油，搭配乳化蠟和有效成分來運用。你當然可以將乳油木果脂按照比例更換成其他的油品來操作，只是更改了油品屬性，一定會影響穩定性，例如：玫瑰果油保濕、滋潤度好，但穩定性不高，若是用來製作保養品，變質的速度就會比較快。

有效成分：

在保養品中，這是一項最主要的配方，少了其中一個可能會影響效果，但有效成分又往往占了較高成本，那該怎麼辦呢？格子建議，抓出一個最少的購買量或製作量，邀集親朋好友一起製作，就能在功效與成本上做到最好的管控。

乳化劑：

可分為冷作型和熱作型。因為每家材料商的成分不同，需調配的量也不同，就請讀者多詢問、多做功課了。在本書的配方中，格子使用的熱做型乳化劑是天然橄欖乳化劑（有分一般型與防水型）製作保養品使用的是一般型，製作彩妝、防曬乳使用的是防水型。只要不搞錯，應該都會很順利完成質地很不錯的保養品。

請跟格子這樣製作保養品

Step by Step

油膏類

製作步驟

1.先將雙手與工具使用75%的酒精徹底消毒完成。

2.準備好所使用的工具與容器，製作起來會更事半功倍呦！最好準備精準度高的電子秤，可到達0.1公克左右，甚至更小單位的比較理想。

3.量好所需的油、脂、蠟，並且隔水加熱，等待全部的油、脂、蠟全部溶解後混合均勻。

4.等待溫度下降至45℃至50℃左右，滴入適量的精油或香精。

5.裝入塑膠扁罐或馬口鐵罐中即完成。

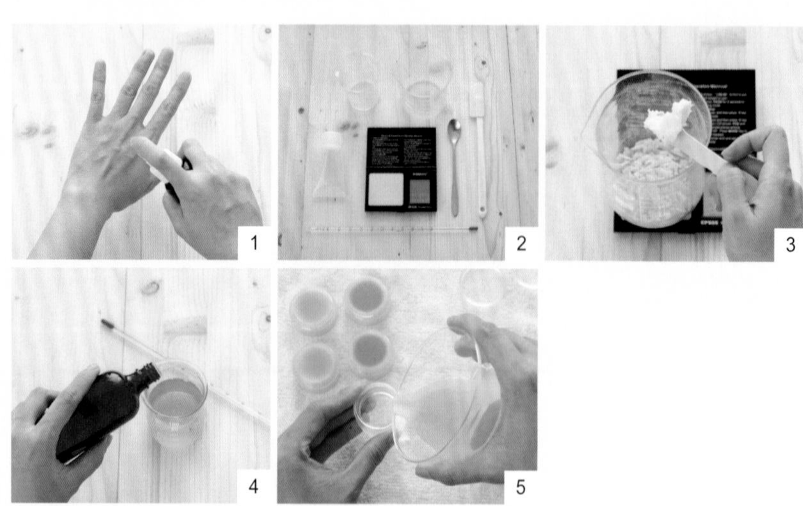

護脣膏類

製作步驟

1.先將雙手與工具以75%的酒精徹底消毒完成。

2.準備好所使用的工具與容器，製作起來會更事半功倍呦！

最好準備精準度高的電子秤，可到達0.1公克左右，甚至更小單位的比較理想。

3.量好所需的油、脂、蠟，並且隔水加熱，等待全部的油、脂、蠟全部溶解後混合均勻。

4.等待溫度下降至45℃至50℃左右，滴入適量的精油或香精。

5.裝入護脣膏管中即完成。

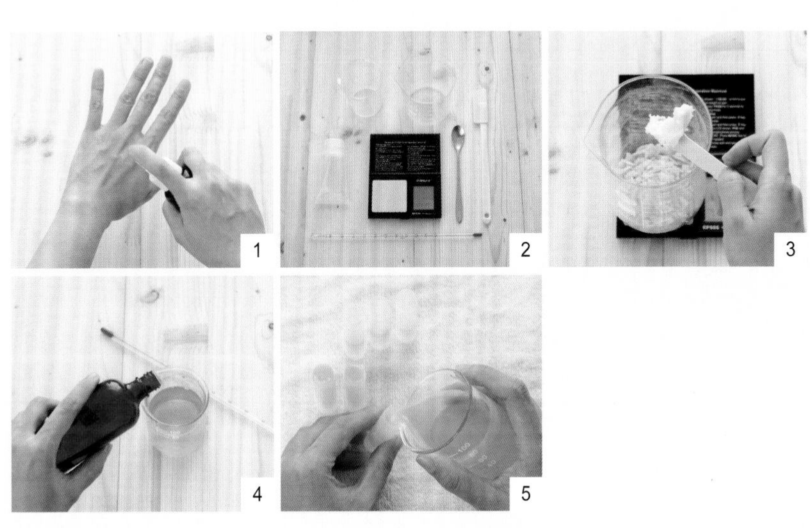

乳液類

製作步驟

1. 先將雙手與工具以75%的酒精徹底消毒完成。
2. 準備好所使用的工具與容器，製作起來會更事半功倍呦！
   最好準備精準度高的電子秤，精準度可達0.1公克左右，甚至更小單位的比較理想。
3. 量好所需的油項配方，如油類、脂類。
4. 量好所需的水項配方，如純露或純水。
5. 將油項配方與水項配方兩者隔水加熱至70℃左右，至油項配方完全溶解。
6. 將水項配方分少量多次倒入油項配方當中，一邊倒一邊攪拌。
   （此步驟可使用電動工具輔助，讓混合的質地更均勻，完成的保養品會更細緻。）
7. 等待整體保養品的溫度下降至45℃至50℃左右滴入抗菌劑與精油或香精，並且攪拌均勻。
   （此步驟可使用電動工具輔助，讓混合的質地更均勻，完成的保養品會更細緻。）
8. 裝入乳液罐裡即完成。

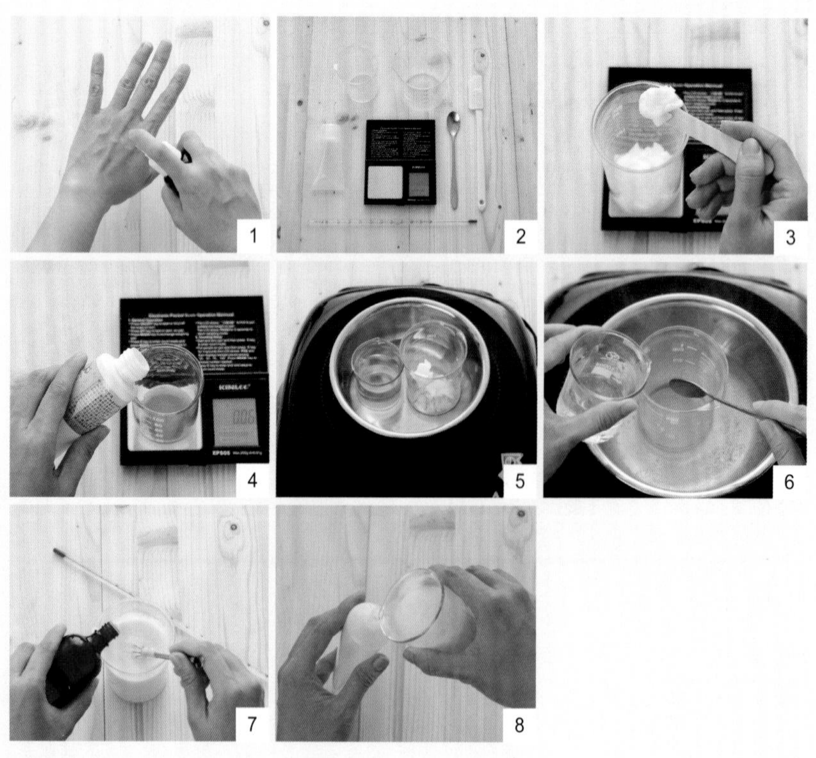

乳霜類

製作步驟

1. 先將雙手與工具以75%的酒精徹底消毒完成。
2. 準備好所使用的工具與容器，製作起來會更事半功倍呦！
   最好準備精準度高的電子秤，精準度可達0.1公克左右，甚至更小單位的比較理想。
3. 量好所需的油項配方，如油類、脂類。
4. 量好所需的水項配方，如純露或純水。
5. 將油項與水項配方兩者隔水加熱至70℃左右，至油項配方完全溶解。
6. 將水項分少量多次倒入油項配方當中，一邊倒入一邊攪拌。
   （此步驟可使用電動工具輔助，讓混合的質地更均勻，完成的保養品會更細緻。）
7. 等待整體保養品的溫度下降至45℃至50℃左右，滴入抗菌劑與精油或香精，並且攪拌均勻。
   （此步驟可使用電動工具輔助，讓混合的質地更均勻，完成的保養品會更細緻。）

8.裝入乳霜罐裡即完成。

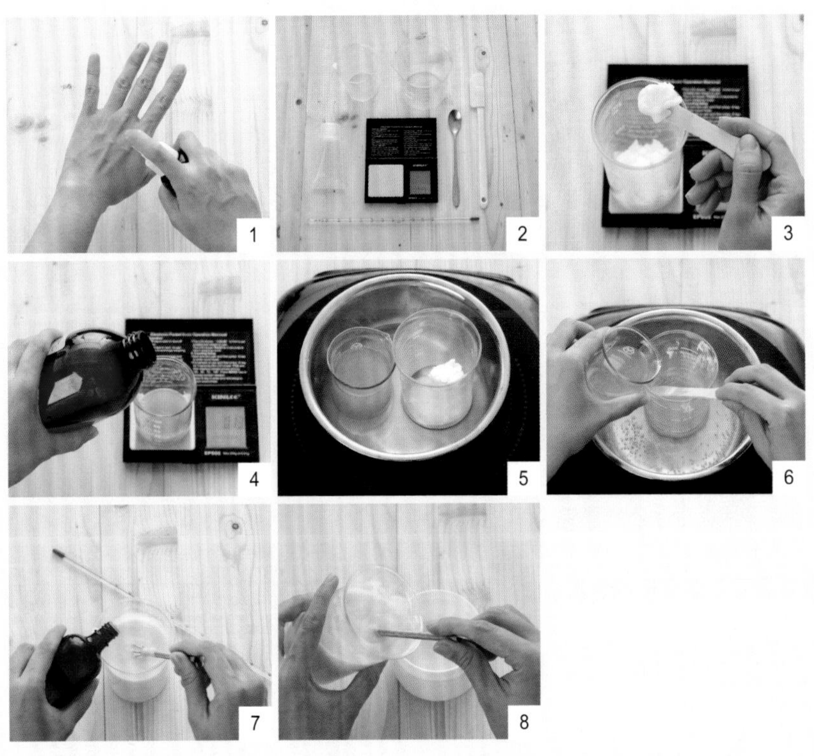

精華液類

製作步驟

1. 先將雙手與工具以75%的酒精徹底消毒完成。
2. 準備好所使用的工具與容器，製作起來會更事半功倍呦！
   最好準備精準度高的電子秤，精準度可達0.1公克左右，甚至更小單位的比較理想。
3. 量好水項配方，如萃取液、有效成分、純露。
4. 量好凝膠類配方，如玻尿酸凝膠、蘆薈凝膠。
5. 將水項配方與凝膠類配方均勻地混合。
6. 滴入精油，並且攪拌均勻。
7. 滴入抗菌劑，並且攪拌均勻。
8. 裝入美美的玻璃瓶裡即完成。

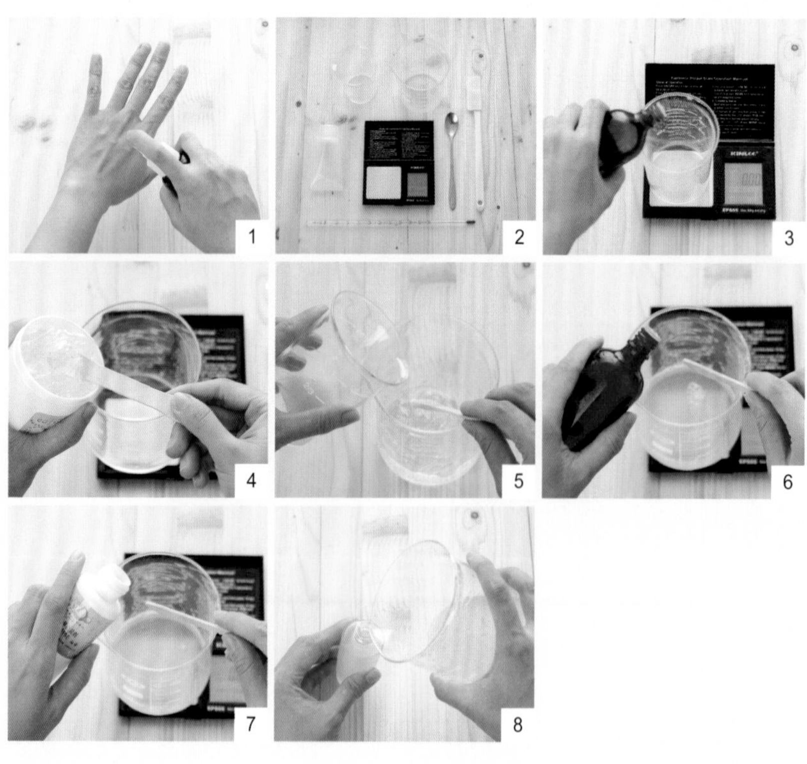

噴霧類

製作步驟

1. 先將雙手與工具以75%的酒精徹底消毒完成。
2. 準備好所使用的工具與容器，製作起來會更事半功倍呦！
   最好準備精準度高的電子秤，精準度可達0.1公克左右，甚至更小單位的比較理想。
3. 量好適量的精油配方。
4. 加入適量的精油乳化劑配方，並且攪拌均勻。
5. 加入適量的純露配方，並且攪拌均勻。
6. 加入適量的抗菌劑配方，並且攪拌均勻。
7. 剛攪拌完的精油噴霧是乳白色的，等待10至15分鐘之後會變透明，別擔心喔！
8. 裝入噴瓶中即完成。

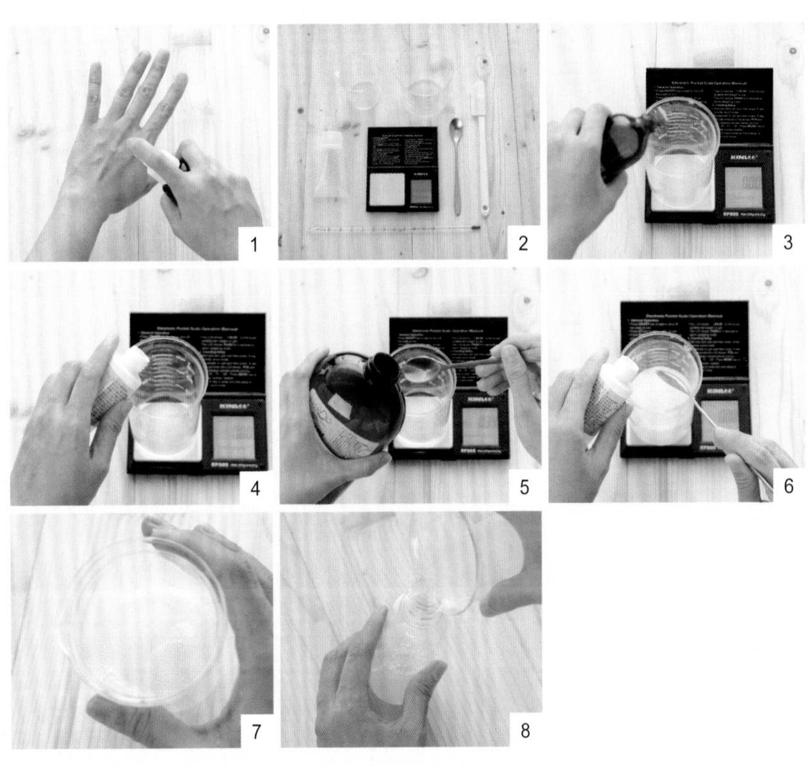

PART
1
新生專門

紅咚咚的屁股、肚肚的脹氣、還有小鼻子裡頭的痰聲……都會讓媽媽心疼。
請跟著格子一起動手製作簡單又天然的寶寶專用保養品吧！

快樂洗澎澎

新生寶寶的肌膚很細緻，其實只要以清水稍加清洗即可。此款手工皂的配方設計著重於滋潤度，建議可針對重點區域進行清潔，像是臀部、脖子、腋下等容易產生汙垢之部位稍加清潔即可。在此建議加入低溫冷凍、研磨艾草粉來製作艾草平安手工皂，不僅色彩艷麗，也有天然的草原氣息，寶寶用了可以安心入眠。

● 材料配方

橄欖油300公克
甜杏仁油120公克
酪梨油120公克
橄欖脂60公克
氫氧化鈉81公克
純水（Ro水）200公克
總油重600公克

● 工具&模型

不鏽鋼鍋、塑膠量杯
溫度計、不鏽鋼攪拌器
抹布、塑膠手套、刮刀
牛奶盒2個（容量1000ml）
或塑膠．矽膠模型

● 精油建議（可視情況自行調整）

洋甘菊精油2公克
甜橙精油4公克

製作方法

1. 將油脂放入不鏽鋼鍋內，隔水加熱至45℃以下。
2. 將氫氧化鈉加入純水（Ro水）中，攪拌至氫氧化鈉完全溶化，並且降溫至45℃以下。
3. 將步驟2的鹼液倒入步驟1中的油中，並不斷攪拌約40分鐘左右，使兩者產生皂化反應，直到完全混合成美乃滋狀（即為皂液），即可進行下一步驟。

   註 鹼液請少量、多次倒入油中，並細心攪拌。
4. 在已充分攪拌的皂液中加入所喜愛的精油，並且攪拌均勻。
5. 將步驟4中混合均勻的皂液倒入模子中，置入保溫箱，妥善蓋好，並蓋上毛巾。

   註 此處的保溫工作可以保麗龍箱來完成。
6. 待手工皂硬化後（約1至3日）即可取出，並置於通風處讓其自然乾燥，約4星期左右即可使用。

使用方法

1. 將雙手以溫水輕輕打濕，再沾上手工皂，輕柔的將手工皂抹於手上，平均塗抹於寶寶肌膚上。
2. 針對寶寶流汗、髒污之處再多加強一下，以清水清潔乾淨即可。

PLUS

此配方也能調整成母乳手工皂的配方喲！給寶寶用的，母乳手工皂最棒了！

只要將配方中的純水（Ro水）更改成母乳，比例從200公克調整成285公克，製作方法步驟2的溫度控制在20℃以下，製作方法步驟3油鹼混合的兩者溫度落差不要超過10℃，這樣就能完成一塊質地溫和且充滿母愛的母乳手工皂囉！

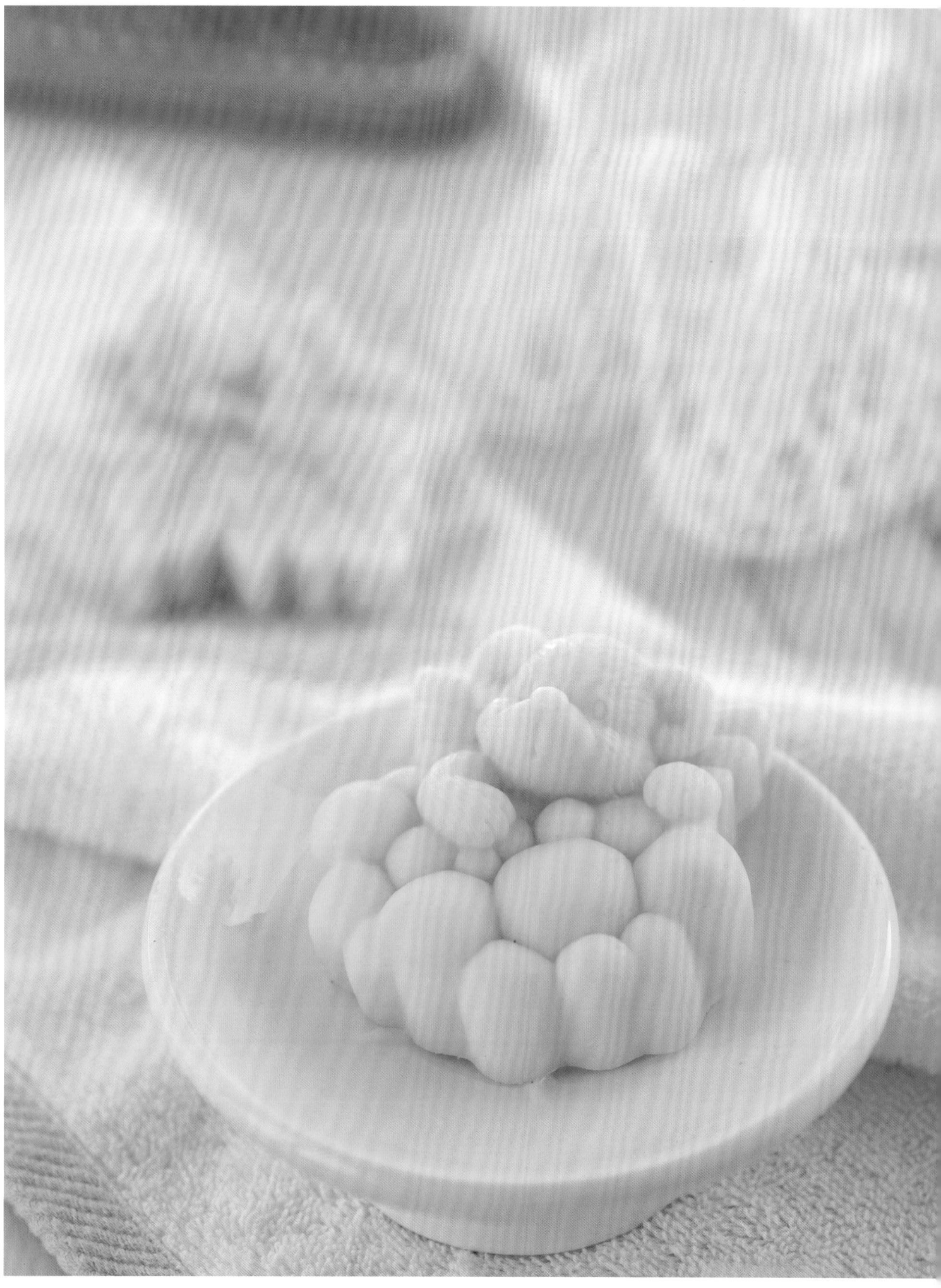

頭髮泡泡皂

這塊手工皂加入了金黃荷荷芭油，
寶寶細緻的頭髮洗完會柔柔、細細、澎澎的，很可愛喔！
此款配方很溫和，連新生嬰兒都可以放心使用！

● 材料配方

橄欖油240公克
甜杏仁油120公克
酪梨油120公克
金黃荷荷芭油120公克
氫氧化鈉72公克
純水（Ro水）180公克
總油重600公克

● 工具&模型

不鏽鋼鍋子、塑膠量杯
溫度計、不鏽鋼攪拌器、抹布
塑膠手套、刮刀
牛奶盒2個（容量1000ml）
或塑膠．矽膠模型

● 精油建議（可視情況自行調整）

洋甘菊精油2公克
甜橙精油4公克

製作方法

1. 將油脂放入不鏽鋼鍋內，隔水加熱至45℃以下。
2. 將氫氧化鈉加入純水（Ro水）中，攪拌至氫氧化鈉完全溶化，並且降溫至45℃以下。
3. 將步驟2的鹼液倒入步驟1中的油中，並不斷攪拌約40分鐘左右，使兩者產生皂化反應，直到完全混合成美乃滋狀（即為皂液），即可進行下一個步驟。

   註 鹼液請少量、多次倒入油中，並細心攪拌。
4. 在已充分攪拌的皂液中加入所喜愛的精油，並攪拌均勻。
5. 將步驟4中混合均勻的皂液倒入模子中，置入保溫箱，妥善蓋好，並蓋上毛巾。

   註 此處的保溫工作可以保麗龍箱來完成。
6. 待手工皂硬化後（約1至3日）即可取出，並置於通風處讓其自然乾燥，約4星期左右即可使用。

使用方法

1. 將雙手以溫水輕輕打濕，再沾上手工皂，輕柔地將手工皂抹於手上，平均塗抹於寶寶頭皮上。
2. 在頭皮處稍加按摩、搓揉起泡，再以清水清潔乾淨即可。

此配方也能調整成母乳手工皂的配方喲！給寶寶用的，母乳手工皂最棒了。

只要在配方中的純水（Ro水）更改成母乳，比例從180公克調整成255公克，製作方法步驟2的溫度控制在20℃以下，製作方法步驟3油鹼混合的兩者溫度落差不要超過10℃，這樣就能完成一塊質地溫和且充滿愛心的母乳手工皂囉！

檜木舒膚皂

這塊手工皂加入了有機印度苦煉油與酪梨油，
是針對有皮膚濕疹、異位性皮膚炎的寶寶所設計，
並且添加了能舒緩肌膚的檜木精油。
苦楝油含苦楝素，有相當好的消炎、止癢作用，
對異位性皮膚炎有很好的舒緩效果，
不過味道並不好聞，建議添加比例控制在10%左右喔！

材料配方

橄欖油300公克
有機印度苦煉油60公克
乳油木果脂120公克
棕櫚核仁油60公克
酪梨油60公克
氫氧化鈉82公克
純水（Ro水）205公克
總油重600公克

工具&模型

不鏽鋼鍋子、塑膠量杯
溫度計、不鏽鋼攪拌器、抹布
塑膠手套、刮刀
牛奶盒2個（容量1000ml）
或塑膠．矽膠模型

精油建議（可視情況自行調整）

洋甘菊精油1公克
檜木精油4公克
薰衣草精油1公克

製作方法

1. 將油脂放入不鏽鋼鍋內，隔水加熱至45℃以下。
2. 將氫氧化鈉加入純水（Ro水）中，攪拌至氫氧化鈉完全溶化，並且降溫至45℃以下。
3. 將步驟2的鹼液倒入步驟1中的油中，並不斷攪拌約40分鐘左右，使兩者產生皂化反應，直到完全混合成美乃滋狀（即為皂液），即可進行下一個步驟。

   註 鹼液請少量、多次倒入油中，細心攪拌。
4. 在已充分攪拌的皂液中加入所喜愛的精油，並且攪拌均勻。
5. 將步驟4中混合均勻的皂液倒入模子中，置入保溫箱，妥善蓋好，並蓋上毛巾。

   註 此處的保溫工作可以保麗龍箱來完成。
6. 待手工皂硬化後（約1至3日）即可取出，並置於通風處讓其自然乾燥，約4星期左右即可使用。

使用方法

1. 將雙手以溫水輕輕打濕，再沾上手工皂，輕柔的將手工皂抹於手上，平均塗抹於寶寶肌膚上。
2. 針對寶寶流汗、髒污之處再多加強一下，以清水清潔乾淨即可。

此配方也能調整成母乳手工皂的配方喲！給寶寶用的，母乳手工皂最棒了。

只要在配方中的純水（Ro水）更改成母乳，比例從205公克調整成285公克，製作方法步驟2的溫度控制在20℃以下，製作方法步驟3油鹼混合的兩者溫度落差不要超過10℃，這樣就能完成一塊質地溫和充滿母愛的母乳手工皂囉！

Soap
SoAp

香香氣泡球

此配方的製作不像手工皂般有強鹼的危險性，
很適合親子一同動手來製作喔！
在配方的精油選擇上，可視個人需求修改內容，
搭配不同的精油會有不同的療效。
沒有圓形的壓克力盒子也沒關係，
找幾條小朋友不用的紗布巾，裝入混合均勻的材料，
再用橡皮筋緊緊綑綁，靜置24小時成型後，一樣可以使用的！
下雨天空氣水分多、容易潮濕，
會影響成品的完成度，建議天氣好的時候製作。
製作完成的泡澡氣泡球請放入密封的保鮮盒中，
以降低受潮的機會。

材料配方

玉米粉100公克
無水檸檬酸100公克
小蘇打粉200公克
芒果脂15公克
橄欖酯1公克
天然水性染料適量
（此材料為選配，非必要）
天然花草適量
（此材料為選配，非必要）

工具&模型

鍋子1個、量杯
電子秤、麵粉篩
透明壓克力圓球模型
（或不用的紗布巾數條）

精油建議（可視情況自行調整）

薰衣草精油40滴
洋甘菊精油30滴
玫瑰精油20滴

製作方法

1. 使用篩麵粉的篩子，一一將粉類材料篩入同一個鍋子中。
2. 加熱芒果脂，均勻地倒入裝有粉類的鍋子中。
3. 滴入精油，一邊滴，一邊攪拌，使所有材料均勻地混合。
4. 將材料裝入壓克力圓球模型中，並且仔細壓緊，等待一天，隔天脫模後即可使用。

使用方法

放一澡盆的溫水，丟入香氛氣泡球，親子一起享受浪漫的香氛氣泡浴吧！

柔嫩濕紙巾

新生寶寶的屁屁很嬌貴，常常一不小心就有紅紅的尿布疹。
市面上販售的潔膚濕巾有些很香、有些使用了有泡泡……
總之這是會留在皮膚上的清潔物，
動手來製作，媽媽會更安心。
使用最溫和的起泡劑搭配親水性的乳化劑，
還有提高保濕度的蘆薈、維他命E……
當然還要有天然的抗菌劑，
媽媽親手為寶寶作的，會更安心使用喔！

● 材料配方

溫和玉米油起泡劑6公克
橄欖酯3.5公克
蘆薈萃取液1公克
維他命E油1公克
天然葡萄柚抗菌劑1公克
純水（Ro水）87.5公克

● 工具&模型

玻璃燒杯1個
長方形塑膠密封盒1個
嬰兒用紙巾
（乾的，嬰兒用品店購買）
電子秤

● 精油建議（可視情況自行調整）

洋甘菊精油3滴
甜橙精油5滴
茶樹精油3滴

製作方法

1. 使用酒精消毒長方形塑膠密封盒，靜置等待乾燥。
2. 將嬰兒用紙巾放入消毒後的長方形塑膠密封盒中。
3. 將材料全部導入玻璃燒杯中，加以攪拌，混合均勻。
4. 倒入步驟3的製作溶液，裝盒完成後即可使用。

使用方法

於寶寶換尿布時抽取適當的濕紙巾清潔即可，用後不需再以清水清洗。

水嫩嫩乳液

● 材料配方

Ⓐ 有機乳油木果脂10公克
有機橄欖乳化蠟2公克

Ⓑ洋甘菊純露77公克

Ⓒ金盞花萃取液5公克
蘆薈萃取液5公克

Ⓓ天然葡萄柚抗菌劑1公克

● 工具&模型

玻璃燒杯2個
攪拌器1個
塑膠罐1個（容量100ml）
刮刀（小）1個

● 精油建議（可視情況自行調整）

洋甘菊精油5滴
甜橙精油5滴
玫瑰精油2滴

製作方法

1. 將材料A量好，隔水加熱，等待全部溶解後再等20秒（確認材料混合均勻）。
2. 將材料B量好，隔水加熱至70℃，混入步驟1中，分少量、多次倒入，並且攪拌均勻。（此時的鍋子仍然浸於熱水中隔水保溫，使溫度緩慢下降。）
3. 待溫度下降至40℃，加入材料C、D、精油，裝罐完成。

使用方法

於寶寶沐浴後，取適量塗抹於肌膚上，搭配適度的按摩，讓寶寶的肌膚適度地補充水分，讓寶寶享受一個舒服、放鬆的沐浴。

舒爽痱子粉

● 材料配方

玉米粉50公克
白石泥45公克
洋甘菊花粉5公克
維他命E油3滴

● 工具&模型

不鏽鋼鍋子1個
電子秤1個
塑膠罐1個（容量100ml）
粉撲1個
咖啡豆研磨機

● 精油建議（可視情況自行調整）

洋甘菊精油10滴
玫瑰精油10滴

製作方法

1. 使用篩麵粉的篩子，將粉類材料篩入同一個鍋子中。
2. 使用磨碎機磨碎薄荷腦，加入粉類，一起研磨。
3. 滴入精油，並再次將所有材料攪拌、混合均勻，裝入瓶中，即可使用。

使用方法

此配方以玉米粉取代痱子粉的主要原料——滑石粉，使用更為安心！由於寶寶使用痱子粉的機率很高，所以建議購買有機玉米粉，讓保養品品質更純淨。若是夏天使用，可以將薄荷腦提高至1公克，增添涼爽的氣息。（若寶寶年紀很小，則可以取消薄荷腦。）

親親按摩油

● 材料配方

金盞花浸泡橄欖油55公克
冷壓金黃荷荷巴油40公克
橄欖酯 5公克

● 工具&模型

玻璃燒杯1個
電子秤1個
深褐色玻璃瓶1個（容量100ml）

● 精油建議（可視情況自行調整）

洋甘菊精油5滴
甜橙精油5滴
玫瑰精油2滴

製作方法

將所有材料量好，混合均勻後倒入玻璃瓶中，靜置24小時後即可使用。

使用方法

寶寶洗澡完後取適量幫寶寶按摩肌膚，至肌膚完全吸收。

屁屁舒緩膏

製作方法

1. 量好材料A，隔水加熱至完全溶解。
2. 量好材料B，倒入步驟A中，攪拌至混合均勻。
3. 等待溫度下降至45℃左右，滴入精油，攪拌均勻，裝罐後即完成。

使用方法

1. 於寶寶更換尿布時，可取適量適度地塗抹於小屁股上，可預防寶寶細緻的肌膚起尿布疹。
2. 若已有濕疹，也可塗抹，可以舒緩紅腫。

材料配方

Ⓐ冬天配方
有機乳油木果脂30公克
天然蜜臘15公克
夏天配方
有機乳油木果脂15公克
天然蜜臘25公克

Ⓑ金盞花浸泡橄欖油15公克
紫草根浸泡橄欖油15公克
蘆薈浸泡椰子油10公克
維他命E油1公克

工具&模型

玻璃燒杯2個
電子秤1個
馬口鐵罐（12公克）7個

精油建議（可視情況自行調整）

洋甘菊精油10滴
玫瑰精油10滴

肚肚脹氣膏

若是手邊沒有冷壓金黃荷荷巴油，
也可以考慮換成甜杏仁油、橄欖油、芝麻油。

製作方法

1. 量好材料A，隔水加熱至完全溶解。
2. 量好材料B，倒入步驟A中，攪拌混合均勻。
3. 等待溫度下降至45℃左右，滴入精油，加入薄荷腦，攪拌均勻，裝罐後即完成。

使用方法

於寶寶漲氣、不舒服時，取適量塗抹於肚皮，並且稍加按摩，可舒緩漲氣不舒服的肚子，能讓寶寶情緒也會安穩一些，胃口更好喔！

材料配方

Ⓐ冬天配方
有機乳油木果脂30公克
天然蜜臘15公克
夏天配方
有機乳油木果脂15公克
天然蜜臘25公克

Ⓑ金黃荷荷巴油30公克
蘆薈浸泡椰子油10公克
維他命E油1公克

Ⓒ薄荷腦1公克

工具&模型

玻璃燒杯2個
馬口鐵罐（容量10ml）8個
電子秤

精油建議（可視情況自行調整）

羅馬洋甘菊精油20滴
甜橙精油10滴
薰衣草精油20滴
甜馬鬱蘭精油10滴

清新舒敏膏

● 材料配方

Ⓐ冬天配方
有機乳油木果脂30公克
天然蜜臘15公克
夏天配方
有機乳油木果脂15公克
天然蜜臘25公克

Ⓑ冷壓金黃荷荷巴油30公克
蘆薈浸泡椰子油10公克
維他命E油1公克

Ⓒ薄荷腦1公克

● 工具&模型

玻璃燒杯2個
馬口鐵罐（容量10ml）8個
電子秤

● 精油建議（可視情況自行調整）

甜馬鬱蘭精油20滴
薰衣草精油20滴
白千層精油10滴
薄荷精油10滴

好好睡覺膏

● 材料配方

Ⓐ冬天配方
有機乳油木果脂30公克
天然蜜臘15公克
夏天配方
有機乳油木果脂15公克
天然蜜臘25公克

Ⓑ冷壓金黃荷荷巴油30公克
蘆薈浸泡椰子油10公克
維他命E油1公克

● 工具&模型

玻璃燒杯2個
馬口鐵罐（容量10ml）8個
電子秤

● 精油建議（可視情況自行調整）

甜橙精油10滴
羅馬洋甘菊精油10滴
薰衣草精油20滴
檜木精油20滴

蟲蟲怕怕膏

● 材料配方

Ⓐ冬天配方
有機乳油木果脂30公克
天然蜜臘15公克
夏天配方
有機乳油木果脂15公克
天然蜜臘25公克

Ⓑ冷壓金黃荷荷巴油30公克
蘆薈浸泡椰子油10公克
維他命E油1公克

● 工具&模型

玻璃燒杯2個
馬口鐵罐（容量10ml）8個
電子秤

● 精油建議（可視情況自行調整）

薰衣草精油15滴
貓薄荷精油15滴
香茅精油15滴
檜木精油15滴

PART
2

婦人專門

女人要對自己要好一點喲！

不只清潔、沐浴、美白、保養、抗皺、保濕、舒壓……

好多好多專櫃保養品都可以自己動手作，而且天然又有效。

潔淨卸妝油

● 材料配方

Ⓐ 溫和卸妝透明乳化劑（油融型，INCI國際名：SORBITAN TRIOLEATE , POLYSORBATE-85）10公克

Ⓑ 植物油90公克（乾性肌膚：橄欖油；油性肌膚：金黃荷荷芭油、葡萄籽油）

● 工具&模型

玻璃燒杯1個
電子秤
塑膠瓶1個（容量100ml）

● 精油建議（可視情況自行調整）

玫瑰精油2滴
薰衣草精油5滴
茉莉精油2滴

製作方法

1. 將材料A分次倒入材料B中，並攪拌均勻。
2. 添加精油，裝瓶後即完成。

使用方法

使用時請保持手及臉部乾躁，然後取適量卸妝油均勻地按摩欲卸妝處，並以水清潔即可。

清爽卸妝凝乳

臉部

● 材料配方

Ⓐ溫和卸妝透明乳化劑（凝乳型，INCI國際名：POLYGLYCERYL DIISOSTEARATE TRILAURETH-4 PHOSPHATE）12公克

Ⓑ橄欖油60公克
（乾性肌膚：橄欖油；油性肌膚：金黃荷荷芭油、葡萄籽油）

Ⓒ薰衣草純露28公克

● 工具&模型

玻璃燒杯2個
電子秤
塑膠瓶1個（容量100ml）

● 精油建議（可視情況自行調整）

玫瑰精油2滴
薰衣草精油5滴
茉莉精油2滴

製作方法

1. 將材料A分次倒入材料B中，並攪拌均勻。
2. 將材料C分次倒入步驟1中，並攪拌均勻。
3. 添加精油，裝瓶後即完成。

使用方法

使用時請保持手及臉部乾躁，然後取適量卸妝油均勻地按摩欲卸妝處，並以水清潔即可。

PLUS 靜置時會分層，屬正常現象。使用前請先上下搖晃均勻。

臉部

玫瑰潔顏泡泡

材料配方

Ⓐ 尿素0.1公克
甘油0.5公克

Ⓑ 溫和玉米油起泡劑5公克
橄欖酯0.4公克
洋甘菊萃取液0.15公克

Ⓒ 奧圖玫瑰純露93.85公克
透明奈米銀抗菌劑1公克

工具&模型

玻璃燒杯2個
電子秤
慕斯壓瓶1個（容量100ml）

精油建議（可視情況自行調整）

洋甘菊精油3滴
玫瑰精油2滴
茉莉精油2滴
精油乳化劑1公克

製作方法

1. 將材料A混合，並且攪拌均勻。
2. 將材料B混合，並且攪拌均勻，再拌入步驟1中，攪拌均勻。
3. 將材料C攪拌均勻，分次倒入步驟2中，並攪拌均勻。
4. 添加精油（精油先使用精油乳化劑攪拌均勻），並攪拌均勻，裝入慕斯壓瓶後即完成。

使用方法

取適量玫瑰潔顏泡泡均勻按摩欲清潔處，再以水清潔即可。

紅麴活膚洗臉皂

適合乾性&敏感肌膚使用

乾性肌膚最需要特別的呵護！
使用人蔘搭配紅麴粉來活化肌膚細胞，
讓美麗的風采在媽咪的臉上再現，
粉嫩蘋果臉不只是少女的專利喲！

● 材料配方

橄欖油240公克、甜杏仁油60公克、玫瑰果油30公克
棕櫚核仁油60公克、棕櫚油90公克、乳油木果脂120公克
氫氧化鈉82公克、人蔘水205公克、紅麴粉5公克
總油重600公克

註 人蔘水作法：請將人蔘（便宜的）加水先煮過，約為30公克左右的人蔘加240公克的水煮至205公克，待涼即可使用。

● 工具&模型

不鏽鋼鍋子、塑膠量杯
溫度計、不鏽鋼攪拌器
抹布、塑膠手套、刮刀
牛奶盒2個或塑膠．矽膠模型

● 精油建議（可視情況自行調整）

玫瑰精油2公克
薰衣草精油2公克
依蘭精油2公克

製作方法

1. 將油脂放入不鏽鋼鍋內，隔水加熱至45℃以下。
2. 將氫氧化鈉加入純水（Ro水）中，攪拌至氫氧化鈉完全溶化，並且降溫至45℃以下。
3. 將步驟2的鹼液倒入步驟1中的油中，並不斷攪拌約40分鐘左右，使兩者產生皂化反應，直到完全混合成美乃滋狀（即為皂液），即可進行下一個步驟。
   註 鹼液請少量、多次倒入油中，細心攪拌。
4. 在已充分攪拌的皂液中加入所喜愛的精油、添加物，並且攪拌均勻。
5. 將步驟4中混合均勻的皂液倒入模子中，置入保溫箱，妥善蓋好，並蓋上毛巾。
   註 此處的保溫工作可以保麗龍箱來完成。
6. 待手工皂硬化後（約1至3日）即可取出，並置於通風處讓其自然乾燥，約4星期左右即可使用。

使用方法

1. 將雙手以溫水輕輕打濕，再沾上手工皂，輕柔的將手工皂抹於手上，平均塗抹於臉部肌膚上。
2. 針對皮膚髒污之處再多加強一下，以清水清潔乾淨即可。

紅豆潤蜜皂

適合中性肌膚&混合性肌膚使用

紅豆是家中很常見的食材之一，
可以使用磨豆機研磨，加入手工皂中，
不僅增添天然穀物厚實穩重的氣息，還有去角質的效果，
可讓肌膚煥然一新，美麗水噹噹。

材料配方

橄欖油240公克
米糠油120公克
椰子油120公克
棕櫚油120公克
氫氧化鈉87公克
純水（Ro水）200公克
紅豆粉10公克
蜂蜜12公克
總油重600公克

工具&模型

不鏽鋼鍋子、塑膠量杯
溫度計、不鏽鋼攪拌器
抹布、塑膠手套、刮刀
牛奶盒2個
或塑膠矽膠模型

精油建議（可視情況自行調整）

佛手柑精油4公克
甜橙精油2公克

製作方法

1. 將油脂放入不鏽鋼鍋內，隔水加熱至45℃以下。
2. 將氫氧化鈉加入純水（Ro水）中，攪拌至氫氧化鈉完全溶化，並且降溫至45℃以下。
3. 將步驟2的鹼液倒入步驟1中的油中，並不斷攪拌約40分鐘左右，使兩者產生皂化反應，直到完全混合成美乃滋狀（即為皂液），即可進行下一個步驟。

   註 鹼液請少量、多次倒入油中，細心攪拌。
4. 在已充分攪拌的皂液中加入所喜愛的精油、添加物，並且攪拌均勻。
5. 將步驟4中混合均勻的皂液倒入模子中，置入保溫箱，妥善蓋好，並蓋上毛巾。

   註 此處的保溫工作可以保麗龍箱來完成。
6. 待手工皂硬化後（約1至3日）即可取出，並置於通風處讓其自然乾燥，約4星期左右即可使用。

使用方法

1. 將雙手以溫水輕輕打濕，再沾上手工皂，輕柔的將手工皂抹於手上，均勻塗抹於臉部肌膚上。
2. 針對皮膚髒污之處再多加強一下，以清水清潔乾淨即可。

將此配方稍微做一點點調整：使用棕櫚核仁油取代椰子油、氫氧化鈉84公克、純水（Ro水）210公克，這樣的配方更溫和，更適合敏感性肌膚者使用喔！

Sweet

使用茉莉浸泡橄欖油、茉莉花茶來製作手工皂，
如果荷包許可，也可以添加高檔的茉莉精油，
但這是非常奢華的配方，就請自行斟酌囉！

茉莉特潤皂

適合熟齡肌膚使用

● 工具&模型

不鏽鋼鍋子、塑膠量杯、溫度計、不鏽鋼攪拌器、抹布
塑膠手套、刮刀、牛奶盒兩個或塑膠．矽膠模型

● 精油建議（可視情況自行調整）

茉莉精油2公克、玫瑰精油2公克、薰衣草精油2公克

● 材料配方

茉莉浸泡橄欖油 240公克、山茶花油 60公克、澳洲胡桃油 60公克
椰子油 60公克、棕櫚油 60公克、乳油木果脂 120公克
氫氧化鈉 84公克、茉莉花茶水 160公克、乳霜 50公克

總油重600公克

註 1.茉莉與橄欖油比例：100公克茉莉花浸泡於1公升橄欖油中，浸泡時間為1個月。
2.茉莉與純水（Ro水）的比例：30公克茉莉花以190公克純水（Ro水）沖泡，過濾茉莉花後為160公克。
3.乳霜製作方法：將乳油木果脂肪10公克、天然橄欖乳化蠟（1000型）5公克、茉莉純露35公克混合均勻，攪拌成乳霜狀即可。

製作方法

1. 將油脂放入不鏽鋼鍋內，隔水加熱至45℃以下。
2. 將氫氧化鈉加入冷開中，攪拌至氫氧化鈉完全溶化，並且降溫至45℃以下。
3. 將步驟2的鹼液倒入步驟1中的油中，並不斷攪拌約40分鐘左右，使兩者產生皂化反應，直到完全混合成美乃滋狀（即為皂液），即可進行下一個步驟。
   註 鹼液請少量、多次倒入油中，細心攪拌。
4. 在已充分攪拌的皂液中加入所喜愛的精油，並且攪拌均勻。
5. .將步驟4中混合均勻的皂液倒入模子中，置入保溫箱，妥善蓋好，並蓋上毛巾。
   註 此處的保溫工作可以保麗龍箱來完成。
6. 待手工皂硬化後（約1至3日）即可取出，並置於通風處讓其自然乾燥，約4星期左右即可使用。

使用方法

1. 將雙手以溫水輕輕打濕，再沾上手工皂，輕柔的將皂抹於手上，平均塗抹於臉部肌膚上。
2. 針對皮膚髒污之處再多加強一下，以清水清潔乾淨即可。

1.使用棕櫚核仁油取代椰子油、氫氧化鈉82公克、純水206公克，這樣的配方更溫和、更適合敏感性肌膚者使用喔！

2.添加乳類配方入手工皂：原配方不變，把水改成羊乳、牛乳、母乳（擇一）237公克，製作方法步驟2的溫度控制在20℃以下；製作方法步驟3油鹼混合的兩者溫度落差不要超過10℃，這樣就能完成一塊質地溫和又滋潤的奢華特潤手工皂囉！

鳳梨新生皂

適合中性肌膚&油性肌膚使用

使用米糠油來製作主體手工皂的配方，
清爽、保濕，在夏天連格子略顯乾燥的肌膚
使用起來都不會覺得乾喔！
另外配方中添加的鳳梨
是希望能透過鳳梨新鮮素材中萃取天然酵素，
自然的去除老舊角質，
搭配有促進肌膚活化、促進肌膚再生功能的棕櫚果油，
更增添盛夏艷陽的豐富感。

材料配方

米糠油300公克、椰子油90公克
金黃荷荷芭油90公克
棕櫚果油90公克、白油30公克
氫氧化鈉80公克
鳳梨水200公克、薄荷腦12公克
總油重600公克

註 鳳梨水作法：使用1顆鳳梨，加純水（Ro水）榨成汁，去渣後總重量為200公克。

工具&模型

不鏽鋼鍋子、塑膠量杯
溫度計、不鏽鋼攪拌器
抹布、塑膠手套、刮刀
牛奶盒2個或塑膠．矽膠模型

精油建議（可視情況自行調整）

茶樹精油2公克
迷迭香精油2公克
尤加利精油2公克

製作方法

1. 將油脂放入不鏽鋼鍋內，隔水加熱至45℃以下。
2. 將氫氧化鈉加入鳳梨水中，攪拌至氫氧化鈉完全溶化，並且降溫至45℃以下。
3. 將步驟2的鹼液倒入步驟1中的油中，並不斷攪拌約40分鐘左右，使兩者產生皂化反應，直到完全混合成美乃滋狀（即為皂液），即可進行下一個步驟。

   註 鹼液請少量、多次倒入油中，細心攪拌。
4. 在已充分攪拌的皂液中加入所喜愛的精油、添加物，並且攪拌均勻。
5. 將步驟4中混合均勻的皂液倒入模子中，置入保溫箱，妥善蓋好，並蓋上毛巾。

   註 此處的保溫工作可以保麗龍箱來完成。
6. 待手工皂硬化後（約1至3日）即可取出，並置於通風處讓其自然乾燥，約4星期左右即可使用。

使用方法

1. 將雙手以溫水輕輕打濕，再沾抹上手工皂，輕柔的將手工皂抹於手上，平均塗抹於臉部肌膚上。
2. 針對皮膚髒污之處再多加強一下，以清水清潔乾淨即可。

現在喜歡DIY的朋友很幸福，因為有很多業者積極尋找植物添加粉入皂。
通常這些天然的粉類擁有美麗的天然植物色彩，也都有一些療效。
格子整理了一些適合油性肌膚者使用的植物粉類，提供給你參考喔！

山苦瓜粉	能改善新陳代謝、抗發炎，也可清熱、解毒，治療青春症。
茶樹粉	能消炎抗菌、平衡油脂分泌過盛，是治療暗瘡與青春痘必備的草本植物。
薰衣草粉	淡淡花香能舒緩緊張情緒、釋放壓力、調理油脂分泌、舒緩皮膚敏感、預防發炎。
檸檬皮粉	能淡化色斑、預防黑色素，減低粉刺與暗瘡的的形成，是很適合油性肌膚使用的材料。
廣藿香粉	具殺菌效果、對於濕疹、油性、粉刺肌膚都有很不錯的功效。
紫錐花粉	具有鎮靜、消炎的功效，可深層清潔，有助改善毛孔粗大。
矢車菊花粉	具有消炎、鎮定、舒緩疼痛等作用，是一種溫和的抗生素。
綠茶粉	抗菌、舒緩、消除疲勞、促進血液循環，對肌膚有很多不錯的功效。
蕁麻葉粉	是一種多用途植物，可促進循環、加速代謝、舒緩疲勞、平衡油脂、修護滋養肌膚，對乾燥、龜裂肌膚極具功效，敏感性肌膚也可使用。也能滋養、修護頭髮與頭皮。
紫花苜蓿粉	能促進循環、加速代謝、加速身體水分排除、消除水腫、改善暗沉肌膚，對於斑點及痘痘也都有不錯功效。
紫草根粉	含有尿囊素，可促進皮膚新細胞生長、修復傷口、減緩疼痛。
苦楝葉粉	抗菌、消毒效果極佳。對於濕疹、乾癬、痘痘、粉刺、挫傷都有療效，並能幫助肌膚收斂，也可加入皂中延緩酸敗。

保濕亮肌面膜

製作方法

1. 將材料A混合，並且攪拌均勻。
2. 將材料B與步驟1混合，並且攪拌均勻。
3. 添加適當分量的精油（精油先以精油乳化劑攪拌均勻）。
4. 將材料C倒入材料中並攪拌均勻，裝罐即完成。

使用方法

取適量保濕亮肌面膜均勻塗抹臉部，稍作停留5分鐘，再以水清潔即可。

材料配方

Ⓐ甘草萃取液2公克
植物膠原海藻精華萃取液2公克
奧圖玫瑰純露30公克
尿素0.1公克
甘油0.5公克
粉紅石泥8公克

Ⓑ大堡礁深海泥50公克

Ⓒ透明奈米銀抗菌劑1公克

工具&模型

玻璃燒杯1個
塑膠罐1個（容量100ml）
電子秤

精油建議（可視情況自行調整）

玫瑰精油3滴
薰衣草精油3滴
茉莉精油1滴
精油乳化劑1公克

柔膚收斂水

● 材料配方

Ⓐ金縷莓萃取液5公克
長春藤萃取液5公克
植物膠原海藻精華萃取5公克
植物甘油3公克

Ⓑ迷迭香純露84公克

Ⓒ透明奈米銀抗菌劑1公克

● 工具&模型

玻璃燒杯1個
電子秤
玻璃瓶1個（容量100ml）

製作方法

1. 將材料A混合，並充分攪拌。
2. 將材料B倒入步驟1中，攪拌均勻。
3. 將材料C倒入步驟2中，攪拌均勻，裝瓶後即完成。

使用方法

臉部適當清潔後，可取適量柔膚收斂水於化妝棉上，以化妝棉輕輕拍打臉部肌膚。

保濕滋潤乳

適合乾性肌膚&中性肌膚使用

臉部

● 材料配方

適合中性肌膚使用

Ⓐ精製甜杏仁脂5公克、天然橄欖乳化蠟（1000型）3公克

Ⓑ洋甘菊純露41公克

Ⓒ綠茶萃取液5公克、橄欖葉多氛濃縮萃取精華5公克
　洋甘菊純露40公克

Ⓓ透明奈米銀抗菌劑2公克

適合乾性肌膚使用

Ⓐ精製蘆薈脂5公克、天然橄欖乳化蠟（1000型）3公克

Ⓑ玫瑰純露41公克

Ⓒ植物膠原海藻精華萃取液5公克、植物神經酸胺精華萃取液5公克
　玫瑰純露40公克

Ⓓ透明奈米銀抗菌劑2公克

● 工具&模型

玻璃燒杯2個、電子秤、塑膠罐或塑膠瓶1個（容量100ml）

● 精油建議（可視情況自行調整）

玫瑰精油10滴

製作方法

1. 將材料A量好，隔水加熱，等待全部溶解後再等20秒（確認材料混合均勻）。
2. 將材料B量好，隔水加熱至70℃，混入步驟1中，分少量、多次倒入。（此時的鍋子仍然浸於熱水中隔水保溫，使溫度緩慢下降。）
3. 將材料A與材料B混合均勻後，等待溫度下降至40℃左右，加入材料C、D與精油，再度混合攪拌均勻，裝罐後完成。

使用方法

使用於柔膚收斂水後，建議以指腹稍加按摩。

保濕滋潤乳

適合油性肌膚使用
美白肌膚&緊實肌膚使用

臉部

● 材料配方

適合油性肌膚使用

Ⓐ精製大麻籽脂5公克、葡萄糖乳化蠟3公克
Ⓑ迷迭香純露42公克
Ⓒ甘草萃取液5公克、金縷梅萃取液5公克、迷迭香純露40公克
Ⓓ透明奈米銀抗菌劑2公克

美白肌膚使用

Ⓐ精製羅勒籽脂5公克、天然橄欖乳化蠟（1000型）3公克
Ⓑ玫瑰純露41公克
Ⓒ桑白皮萃取液5公克、奇異果萃取液5公克、玫瑰純露40公克
Ⓓ透明奈米銀抗菌劑2公克

緊實肌膚使用

Ⓐ精製澳洲胡桃脂5公克、天然橄欖乳化蠟（1000型）3公克
Ⓑ玫瑰純露41公克
Ⓒ長春藤萃取液5公克、馬尾草萃取液5公克、乳香純露40公克
Ⓓ透明奈米銀抗菌劑2公克

● 工具&模型

玻璃燒杯2個、電子秤、塑膠瓶或塑膠扁瓶1個（容量100ml）

● 精油建議

玫瑰精油10滴（油性、美白肌膚）、乳精油10滴（緊實肌膚）

製作方法

1. 將材料A量好，隔水加熱等待全部溶解後再等20秒（確認材料混合均勻）
2. 將材料B量好，隔水加熱至70℃，混入步驟1中，分少量、多次倒入。（此時的鍋子仍然浸於熱水中隔水保溫，使溫度的下降速度是緩慢的）
3. 將材料A與材料B混合均勻後，等待溫度下降至40℃左右，加入材料C、D與精油，再度混合攪拌均勻，裝瓶後即完成。

使用方法

使用於柔膚收斂水後，建議可以指腹稍做按摩。

淨白保濕霜

臉部

製作方法

1. 將A材料混合，並且攪拌均勻。
2. 將B材料混合，並且攪拌均勻。
3. 將材料B倒入材料A中，並且攪拌均勻（請分次、少量倒入）。
4. 將精油滴入步驟3中，並且攪拌均勻。
5. 最後將C加入步驟4中，攪拌均勻，裝瓶後即可。

使用方法

1. 於拍化粧水之後，擦保濕乳之前使用，可加強保濕，強化美白功能。
2. 若為油性肌膚，也可以這款保濕霜取代保濕滋潤乳使用。

材料配方

Ⓐ冷作型乳化劑1公克
矽靈（清爽型）7公克
矽靈3公克

Ⓑ玫瑰純露40公克
乳香純露35.3公克
鹽0.7公克
阿爾卑斯山花草精華5公克
植物膠原海藻萃取精華液5公克
甘草萃取液2公克

Ⓒ透明奈米銀抗菌劑1公克

工具&模型

玻璃燒杯2個、電子秤
玻璃瓶（附滴管或吸管，容量100ml）1個

精油建議

玫瑰精油5滴
乳精油5滴

粉嫩新生凝膠

● 材料配方

Ⓐ玫瑰花粉5公克
杏桃核仁果粉3公克
植物甘油5公克

Ⓑ蘆薈膠55公克
奧圖玫瑰純露29公克
甘草酸0.2公克
維他命A酯0.3公克
小分子木瓜酵素1公克

Ⓒ透明奈米銀抗菌劑1公克

● 工具&模型

玻璃燒杯2個
電子秤
塑膠罐1個（容量100ml）

● 精油建議（可視情況自行調整）

玫瑰精油3滴
薰衣草精油3滴
茉莉精油1滴
精油乳化劑1公克

製作方法

1. 將材料A混合，並且攪拌均勻。
2. 將材料B混合，並且攪拌均勻，倒入步驟1中充分混合攪拌。
3. 添加精油（精油先以精油乳化劑攪拌均勻）。
4. 將材料C與步驟2、步驟3等材料混合，攪拌均勻，裝罐即完成。

使用方法

取適量粉嫩新生凝膠均勻地按摩臉部，稍停留5分鐘，再以水清潔即可。

臉部

無痕淡斑精華液

材料配方

Ⓐ 六胜肽8公克
α-熊果素粉末2公克
植物甘油6公克

Ⓑ 玻尿酸凝膠43公克
乳香純露20公克
玫瑰純露20公克

Ⓒ 透明奈米銀抗菌劑1公克

工具&模型

玻璃燒杯2個
電子秤
玻璃罐（附滴管或吸管，容量100ml）1個

精油建議（可視情況自行調整）

玫瑰精油5滴
乳精油5滴

製作方法

1. 將A材料混合，並且攪拌均勻。
2. 將B材料混合，並且攪拌均勻。
3. 將材料B倒入材料A中，並且攪拌均勻（請分次、少量倒入）。
4. 將精油滴入步驟3中，並且攪拌均勻。
5. 最後將C加入步驟4中，攪拌均勻，裝罐後即可。

使用方法

於使用柔膚收斂水後使用。若是乾性肌膚者，可搭配保濕霜、保濕乳使用。

緊實奢華霜

適合油性肌膚&無油肌膚使用

適合熟齡&滋潤肌膚使用

適合年輕肌膚&清爽肌膚使用

全臉

使用方法

臉部清潔後可直接使用奢華緊實霜，並搭配按摩以促進吸收

● 材料配方

適合熟齡・滋潤肌膚使用

Ⓐ精製有機乳油木果脂12公克、天然橄欖乳化蠟（1000型）6公克

Ⓑ奧圖保加利亞玫瑰純露59公克

Ⓒ奈米維他命微囊球（維他命A.C.E.F）3公克、白楊柳樹皮萃取液4公克
鯊魚軟骨活性精萃3公克、鹽沼海藻（粒腺體激勵因子）3公克
三+四胜肽（基底肽）1公克、小分子三胜肽（T公克F-β激勵體）3公克
三胜肽（類毒蛇血清）4公克、奈米級鑽石粉0.5公克、透明奈米銀抗菌劑3公克

適合年輕肌膚・清爽肌膚使用

Ⓐ精製有機乳油木果脂8公克、天然橄欖乳化蠟（1000型）5公克

Ⓑ奧圖保加利亞玫瑰純露67公克

Ⓒ奈米維他命微囊球、（維他命A.C.E.F）2公克、白楊柳樹皮萃取液3公克
鯊魚軟骨活性精萃2公克、鹽沼海藻（粒腺體激勵因子）3公克
三+四胜肽（基底肽）1公克、小分子三胜肽（TGF-β激勵體）3公克
三胜肽（類毒蛇血清）4公克、奈米級鑽石粉0.5公克、透明奈米銀抗菌劑3公克

適合油性肌膚・無油肌膚使用

Ⓐ奧圖保加利亞玫瑰純露10公克、冷作型乳化劑（清爽型）4公克

Ⓑ奧圖保加利亞玫瑰純露73公克

Ⓒ奈米維他命微囊球、（維他命A.C.E.F）3公克、白楊柳樹皮萃取液4公克
鯊魚軟骨活性精萃2公克、鹽沼海藻（粒腺體激勵因子）3公克
三+四胜肽（基底肽）1公克小分子、三胜肽（TGF-β激勵體）3公克
三胜肽（類毒蛇血清）4公克、奈米級鑽石粉0.5公克、透明奈米銀抗菌劑2公克

● 工具&模型

玻璃燒杯2個、電子秤、玻璃罐1個（容量100ml）

● 精油建議

玫瑰精油5滴、茉莉精油5滴、薰衣草精油5滴

製作方法

熟齡肌膚、年輕肌膚

1. 將材料A置於燒杯中隔水加熱，待乳化蠟完全溶解，再用棒子攪拌30秒後離火。
2. 將材料B置於另一燒杯中隔水加熱，再分多次、均匀加入步驟1中拌勻。
3. 待溫度降至50度以下，將精油與材料C拌勻，裝罐即可。

油性肌膚

1. 先將材料A置於燒杯中，攪拌均匀。
2. 同上步驟，將材料B分次加入拌勻。
3. 最後加入材料C中的其餘原料，拌勻後裝瓶即可。

舒眠晚安凍膜

全臉

製作方法

1. 將A、C材料混合，並且攪拌均勻。
2. 將B材料混合，並且攪拌均勻。
3. 將步驟2材料倒入步驟1中，並且攪拌均勻（請分次、少量倒入）
4. 添加精油（精油預先使用精油乳化劑攪拌均勻）。
5. 最後將D加入，攪拌均勻，裝瓶後即可。

使用方法

於睡前塗抹於臉部肌膚，安心睡上一覺，等待天明後，再以清水將留存於肌膚上的面膜洗去。

材料配方

Ⓐ 玻尿酸凝膠25公克
蘆薈凝膠25公克

Ⓑ 甘油2公克
橄欖葉多酚濃縮3公克
紅酒多酚萃取液2公克
長春藤萃取液2公克
甘草萃取液2公克

Ⓒ 玫瑰純露38公克

Ⓓ 透明奈米銀抗菌劑1公克

工具&模型

玻璃燒杯2個、電子秤
塑膠扁瓶1個（容量100ml）

精油建議（可視情況自行調整）

玫瑰精油2滴
茉莉精油1滴
薰衣草精油3滴
精油乳化劑1公克

保濕芳香噴霧

● 材料配方

Ⓐ清爽型潤膚酯2.5公克
甜杏仁油28公克

Ⓑ純天然微乳化劑20公克

Ⓒ玫瑰純露21公克
甘油28.5公克

● 工具&模型

燒杯1個
電子秤
噴瓶1支

製作方法

1. 分別將材料A、B、C秤量好。
2. 將材料B加入A中，攪拌均勻。
3. 將材料C加入步驟2中，攪拌均勻，裝罐即可使用。

使用方法

置於包包中，於肌膚感受乾燥時便可隨時拿出來使用。

滋潤修復眼膠

● 材料配方

Ⓐ水溶性輔酶（Q10）乳化型2公克
維他命B5（水性）3公克
奈米維他命微囊球
（維他命A.C.E.F）1公克
植物膠原海藻精華萃取10公克
鯊魚軟骨活性精萃2公克
玫瑰純露29公克

Ⓑ玻尿酸凝膠50公克

Ⓒ透明奈米銀抗菌劑1公克

● 工具&模型

玻璃燒杯1個
電子秤
玻璃瓶1個（容量100ml）

製作方法

1. 將A材料混合，並且攪拌均勻。
2. 將B材料混合，並且攪拌均勻。
3. 將步驟1材料倒入步驟2中，並且攪拌均勻（請分次、少量倒入）。
4. 最後將C材料加入，攪拌均勻，裝瓶後即可。

註 請不要加入含鹽類的物質，否則會產生水解情況。

使用方法

塗抹於眼部肌膚，並以點壓方式稍加按摩。

潤唇膏

使用於唇部肌膚的護唇膏，
請勿使用精油喔！
唇部肌膚屬於黏膜組織，
一不小心，很容易就造成損傷了！
若要使用香氛於唇部，建議以下兩種方式：
①選擇有天然香氣的油脂。
例如：冷壓椰子油／法國梅子油
②選擇安全的食用香精（油狀）。

製作方法

1. 將所有材料量妥，置入玻璃燒杯中，隔水加熱。
2. 等待材料全部溶解後取出。
3. 等待溫度下降至60℃以下，加入香精，裝瓶後即完成。

使用方法

塗抹於脣部肌膚。

滋潤修復

● 材料配方

夏天配方

蜜蠟23公克

乳油木果脂25公克

未精製棕櫚果油50公克

維他命E油2公克

冬天配方

蜜蠟13公克

乳油木果脂25公克

未精製棕櫚果油60公克

維他命E油2公克

● 工具&模型

玻璃燒杯1個、電子秤

塑膠護唇膏管（容量5公克）20個

● 香氛建議

橘子香精（食品級）10 滴

甜莓香氛

● 材料配方

夏天配方

蜜蠟10公克

草莓蠟15公克

乳油木果脂25公克

冷壓椰子油25公克

法國梅子油25公克

冬天配方

蜜蠟5公克

草莓蠟10公克

乳油木果脂25公克

冷壓椰子油30公克

法國梅子油30公克

● 工具&模型

玻璃燒杯1個、電子秤

塑膠護唇膏管（容量5公克）20個

● 香氛建議

草莓香精（食品級）10 滴

亮彩芒果

● 材料配方

夏天配方

蜜蠟25公克

精製芒果脂25公克

冷壓黃金荷荷芭油25公克

冷壓椰子油25公克

冬天配方

蜜蠟15公克

精製芒果脂25公克

冷壓黃金荷荷芭油30公克

冷壓椰子油30公克

● 工具&模型

玻璃燒杯1個、電子秤

塑膠護唇膏管（容量5公克）20個

● 香氛建議

芒果香精（食品級）10 滴

亮彩甜心唇凍

● 材料配方

Ⓐ冷壓黃金荷荷芭油35公克
化妝品級珠光粉 適量

Ⓑ唇凍乳化劑15公克
聚丁烯（USP級）35公克

Ⓒ食品級香精0.5公克

● 工具&模型

玻璃燒杯1個
電子秤
透明塑膠盒子或唇蜜管數個

製作方法

1. 將材料A混合均勻，將化妝品級的珠光粉以少量、多次加入至冷壓黃金荷荷芭油中。
2. 將材料B隔水加熱，攪拌均勻。
3. 加入步驟1的材料，攪拌均勻，裝管後即完成。

使用方法

塗抹於唇部肌膚。

活力磨砂乳

● 材料配方

Ⓐ金黃荷荷葩油10公克
冷作型乳化劑10公克

Ⓑ法國真正薰衣草純露60公克
透明奈米銀抗菌劑2公克

Ⓒ甘油5公克
杏桃核仁果粉（圓粒）10公克
小分子木瓜酵素2公克
甘草酸0.2公克
玫瑰純露38公克

● 工具&模型

玻璃燒杯2個、電子秤
塑膠罐1個（容量100ml）

● 精油建議

檸檬精油10滴
葡萄柚精油10滴

製作方法

1. 將A、C材料混合，並且攪拌均勻。
2. 將B材料混合，並且攪拌均勻。
3. 將步驟2材料倒入步驟1中，並且攪拌均勻（請分次、少量倒入）
4. 添加精油。
5. 最後將D加入，攪拌均勻，裝罐後即可。

使用方法

於身體清潔後，取適量活力磨砂乳按摩全身（可加強四肢關節處），再以清水清潔即可。

舒壓泡澡油

製作方法

將所需材料充分混合均勻，裝瓶靜置24小時後即可使用。

使用方法

於身體清潔後，準備泡澡時，將紓壓泡澡油一次倒入5至10ml左右，浸泡後不需再以清水清潔，稍微用浴巾擦乾肌膚，也不需額外替身體補充乳液，就能感受到滋潤。

● 材料配方

加速循環：檸檬精油20滴、葡萄柚精油20滴
塑身美體：薄荷精油16滴、甜茴香精油8滴、羅勒精油8滴
　　　　　葡萄柚精油8滴
消除橘皮：黑胡椒精油10滴、杜松精油6滴、檸檬精油10滴
　　　　　迷迭香精油6滴、馬鬱蘭8滴
消除疲勞：永久花精油10滴、馬鬱蘭精油10滴、檸檬精油10滴
　　　　　綠花白千層精油10滴、迷迭香精油10滴、薄荷精油10滴
舒眠安神：檀木精油5滴、苦橙花精油10滴、薰衣草精油10滴
　　　　　羅馬洋甘菊精油10滴、廣霍香精油5滴
心痛療癒：岩蘭草精油10滴、澳洲藍絲柏精油10滴、乳香精油10滴
　　　　　甜橘精油10滴

● 工具&模型

玻璃燒杯1個、電子秤、不透明玻璃瓶1個（容量100ml）

● 精油建議

橄欖酯10公克、植物油90公克、精油40滴

神采沐浴鹽

製作方法

1. 將A材料攪拌均勻。
2. 將B材料攪拌均勻。
3. 海鹽需事先使用研磨機磨細。
4. 將所有材料混合均勻。

註 海藻粉有加速循環、代謝身體廢物作用，但若非常不愛此味道，可以自由從配方中刪除。

使用方法

1. 由下往上敷在身體上，大約15至20分鐘後，就可以慢慢沾水按摩，然後以清水沖洗乾淨。
2. 此為一次使用完畢的分量。

● 材料配方

Ⓐ濃縮海洋微量元素粉2公克
海藻粉5公克、甘油3公克

Ⓑ冷壓金荷荷芭油3公克
橄欖脂2公克

Ⓒ海鹽85公克
（請使用研磨機磨細）

● 工具&模型

玻璃燒杯1個、電子秤
碗1個

● 精油建議（可視情況自行調整）

葡萄柚精油5滴
薰衣草精油2滴
迷迭香精油5滴

玫瑰沐浴皂

● 材料配方

玫瑰浸泡橄欖油240公克、玫瑰果油30公克
蓖麻油30公克、乳油木果脂120公克
棕櫚核仁油180公克、氫氧化鈉86公克
玫瑰花茶215公克
總油重600公克

註 玫瑰與橄欖油比例：
100公克玫瑰花浸泡於1公升橄欖油中，浸泡時間為1個月。
玫瑰純水（Ro水）的比例：
30公克玫瑰花以245公克的純水（Ro水）沖泡，過濾玫瑰花後為215公克。

● 工具&模型

不鏽鋼鍋子、塑膠量杯
溫度計、不鏽鋼攪拌器、抹布
塑膠手套、刮刀
牛奶盒2個（容量1000ml）
或塑膠．矽膠模型

● 精油建議（可視情況自行調整）

玫瑰精油3公克
薰衣草精油3公克

製作方法

1. 將油脂放入不鏽鋼鍋內，隔水加熱至45℃以下。
2. 將氫氧化鈉加入冷開中，攪拌至氫氧化鈉完全溶化，並且降溫至45℃以下。
3. 將步驟2的鹼液倒入步驟1中的油中，並不斷攪拌約40分鐘左右，使兩者產生皂化反應，直到完全混合成美乃滋狀（即為皂液），即可進行下一個步驟。
   註 鹼液請少量、多次倒入油中，並細心攪拌。
4. 在已充分攪拌的皂液中加入喜愛的精油，並且攪拌均勻。
5. 將步驟4中混合均勻的皂液倒入模子中，置入保溫箱，妥善蓋好，並蓋上毛巾。
   註 此處的保溫工作可以保麗龍箱來完成。
6. 待手工皂硬化後（約1至3日）即可取出，並置於通風處讓其自然乾燥，約4星期左右即可使用。

使用方法

1. 將雙手以溫水輕輕打濕，再沾上手工皂輕柔的將皂抹於手上，平均塗抹於臉部肌膚上。
2. 針對皮膚髒污之處再多加強一下，以清水清潔乾淨即可。

浪漫按摩餅

● 材料配方

Ⓐ冷壓金黃荷荷芭油10公克
乳油木果脂15公克
蜜蠟20公克
可可脂15公克

Ⓑ化妝品級珠光粉適量（適量）
（為建議配方，請自行參酌）

● 工具&模型

玻璃燒杯1個、電子秤
矽膠小模型

● 精油建議

杜松油4滴
絲柏精油4滴
檸檬精油8滴
葡萄柚精油8滴

製作方法

1. 將材料A裝入玻璃燒杯中，隔水加入製完全溶解。
2. 將材料B拌入步驟1中，並且攪拌均勻。
3. 等待步驟2中溫度下降至40℃以下，倒入精油，並且攪拌均勻。
4. 倒入矽膠模型中，等待溫度下降，脫模完成後即可。

使用方法

1. 平日可將按摩餅存置於陰涼、通風處，若氣候炎熱請存置於冰箱。
2. 使用時，則於欲按摩處塗抹，加以局部按摩，便可以達到滋潤功效。

提高精油香氛比例，可作成固體香氛膏使用。任選喜歡的精油香氛，加至5%，約3公克（60滴）即可。

手腳修護霜

材料配方

Ⓐ 匈牙利聖約翰草純露99公克、1%奈米玻尿酸粉1公克

Ⓑ 精製有機乳油木果脂12公克、天然橄欖乳化蠟（有機）8公克
橄欖蠟（有機）2公克

Ⓒ 奈米維他命微囊球（A.C.E.F）3公克
植物神經醯胺精萃5公克
酵母細胞壁修護精萃5公克、甘草酸0.2公克
維他命A酯0.3公克、小分子木瓜酵素2公克

工具&模型

玻璃燒杯2個、電子秤
塑膠罐1個（容量1000ml）

精油建議（可視情況自行調整）

薰衣草精油40滴、茶樹精油20滴

製作方法

1. 將材料A混合均勻，靜置24小時。
2. 將材料B放入玻璃燒杯中，隔水加入到完全溶解。
3. 將材料C混合均勻，並均勻拌入步驟2中，攪拌均勻。（請分多次、少量加入，持續攪拌至完全混合。）
4. 將材料D混合均勻，等待溫度下降至40℃，拌入步驟3中，裝罐後即完成。（請分多次、少量加入）

使用方法

於雙手與雙腳清潔後塗抹於肌膚上，若手腳肌膚乾燥、龜裂情況較嚴重，可塗抹厚一點，再穿上手套與襪子。

按摩美體膠

● 材料配方

Ⓐ清爽型矽靈油10公克
冷作型乳化劑2公克

Ⓑ可樂萃取液5公克
長春藤萃取液10公克
海藻萃取液5公克
貓爪藤萃取液5公克
植物甘油4公克
藥用酒精10公克
西班牙迷迭香純露50公克

Ⓒ透明奈米銀抗菌劑1公克

● 工具&模型

玻璃燒杯1個、電子秤
塑膠罐1個（容量100ml）或
塑膠瓶1個（容量100ml）

● 精油建議（可視情況自行調整）

絲柏精油10滴、檸檬精油20滴
葡萄柚精油20滴、杜松精油10滴

製作方法

1. 將材料A攪拌均勻。
2. 將材料B攪拌均勻，並且拌入步驟1中。（請分多次、少量加入，並攪拌均勻。）
3. 將材料C、精油攪拌均勻，並且拌入材料2中，裝瓶後即完成。

使用方法

取適量塗抹於欲瘦身部位，並加以按摩以促進吸收。可再包裹上保鮮膜，效果更明顯。

PLUS 因靜置時，上下層顏色不一，所以使用前請搖一搖。

緊實按摩油

● 材料配方

Ⓐ甜蘿勒精油20滴
檸檬精油20滴
玫瑰天竺葵精油20滴
薰衣草精油20滴
葡萄柚精油20滴

Ⓑ冷壓金黃荷荷芭油90公克
橄欖酯5公克

● 工具&模型

玻璃燒杯1個
電子秤
不透明精油玻璃瓶1個
（容量100ml）

製作方法

將所有材料混合後，靜置24小時，裝瓶後即完成。

使用方法

取適量塗抹於欲按摩處，加以局部按摩，以達到滋潤的功效。

腿部舒緩膠

● 材料配方

Ⓐ清爽型矽靈油10公克、冷作型乳化劑2公克

Ⓑ絲柏純露25公克

Ⓒ維他命球活性晶球1公克、百里香萃取液5公克
馬尾草萃取液5公克

Ⓓ玻尿酸凝膠25公克、快樂鼠尾草純露25公克

Ⓔ薄荷腦1公克

Ⓕ透明奈米銀抗菌劑1公克

● 工具&模型

玻璃燒杯1個、電子秤、塑膠罐1個（容量100ml）

● 精油建議（可視情況自行調整）

薄荷精油20滴、葡萄柚精油20滴、薰衣草精油20滴

製作方法

1. 將材料A混合，攪拌均勻。
2. 將材料A、B混合，攪拌均勻。（請分多次、少量加入。）
3. 將材料C混合，靜置2分鐘。
4. 將材料D混合，攪拌均勻。
5. 將材料E隔水加熱至微微溶解，拌入步驟4中。
6. 將材料F與精油混合，攪拌均勻。
7. 將步驟2、步驟3、步驟5、步驟6的材料全部混合，並攪拌均勻，裝罐後即完成。

使用方法

取適量塗抹於雙腿肌膚，略加按摩即可達到放鬆、舒緩的功效。可搭配抬腿，讓雙腳更快恢復活力。

髮絲水亮亮

材料配方

木槿花浸泡苦茶籽油240公克、荷荷芭油60公克、米糠油120公克
蓖麻油60公克、椰子油120公克、氫氧化鈉83公克、
洋甘菊花茶208公克

註 1.木槿花與苦茶籽油的比例:100公克木槿花浸泡於1公升苦茶籽油中，置於陰涼、通風處1個月後即可使用。

2.洋甘菊與純水（Ro水）的比例：洋柑50公克搭配熱水沖泡，去除洋甘菊花茶重量為208公克。

3.洋甘菊花茶也可以用紅茶取代，來製作手工皂。

工具&模型

不鏽鋼鍋子、塑膠量杯、溫度計、不鏽鋼攪拌器、抹布、塑膠手套、刮刀、牛奶盒2個（容量1000ml）或塑膠．矽膠模型

精油建議（可視情況自行調整）

迷迭香精油2公克、薄荷精油1公克、山雞椒精油2公克
薑精油1公克

製作方法

1. 將油脂放入不鏽鋼鍋內，隔水加熱至45℃以下。
2. 將氫氧化鈉加入冷開中，攪拌至氫氧化鈉完全溶化，並且降溫至45℃以下。
3. 將步驟2的鹼液倒入步驟1中的油中，並不斷攪拌約40分鐘左右，使兩者產生皂化反應，直到完全混合成美乃滋狀（即為皂液），即可進行下一個步驟。

   註 鹼液請少量、多次倒入油中，細心攪拌。
4. 在已充分攪拌的皂液中加入所喜愛的精油，並且攪拌均勻。
5. 將步驟4中混合均勻的皂液倒入模子中，置入保溫箱，妥善蓋好，並蓋上毛巾。

   註 此處的保溫工作可以保麗龍箱來完成。
6. 待手工皂硬化後（約1至3日）即可取出，並置於通風處讓其自然乾燥，約4星期左右即可使用。

使用方法

1. 先將頭髮打濕。
2. 雙手以溫水輕輕打濕，再沾上手工皂輕柔的將皂抹於手上，平均塗抹於頭皮肌膚上。
3. 針對頭皮再多加強、按摩一下，以清水清潔乾淨即可。

PLUS

木槿花能幫助血液循環，提高肌膚機能，賦予肌膚緊緻與彈性，若用於頭髮保養上，木槿花還具有防止掉髮、分叉和頭皮屑、預防白髮、增髮的效果。不過，一些市售的植物花草粉添加入皂，對頭皮肌膚也是有很多益處的，提供下列資料給大家參考喔！

蕁麻葉粉：能滋養修護頭髮與頭皮，效果極佳，適合過度掉髮者使用。

可樂果粉：含豐富精氨酸，能加速蛋白形成，提供頭髮和肌膚豐富的營養，並促進增生。可改善過度掉髮。

何首烏粉：加速循環、對抗老化與自由基，能使頭髮烏黑亮麗。

薑粉：具活化頭皮肌膚、刺激生髮作用。

另外，在洗髮手工皂配方的運用上，格子還有一經驗可以和大家分享。只要在洗髮手工皂裡添加手工皂配方的10%的指甲花粉，就可以作為護色洗髮皂喔！

頭髮潤絲水

● 材料配方

Ⓐ純水（Ro水）92公克
檸檬酸2公克
維他命B5（水性）5公克

Ⓑ透明奈米銀抗菌劑1公克

● 工具&模型

玻璃燒杯1個
塑膠噴瓶1個（容量100ml）
電子秤

製作方法

將材料充分混合，裝瓶後即完成。

使用方法

1. 於洗髮後避開頭皮噴於頭髮上，可減去洗髮後的乾澀感。
2. 使用雙手梳開毛髮，再以清水清潔即可。

頭髮蓬蓬水

製作方法

1. 將材料A充分攪拌，混合均勻。
2. 將材料A、B、C混合，裝瓶後即完成。

使用方法

1. 洗完頭後先用毛巾擦到半乾狀態，將蓬蓬水噴在頭髮上，再以吹風機吹乾即可。
2. 頭髮會變得厚實、多量，就算是流行的鮑伯頭都可以輕鬆造型喔！
3. 此款配方很適合頭髮量少、容易扁塌的朋友使用，可取代頭髮造型材料喔！

● 材料配方

Ⓐ頭髮增量增厚複合物5公克
植物性甘油1公克
蠶絲蛋白（AA級）1公克

Ⓑ蘿蔔根（泡菜）酵素濾過液1公克
西班牙迷迭香純露45公克
加拿大白雪松純露45公克

Ⓒ透明奈米銀抗菌劑2公克

● 工具&模型

玻璃燒杯1個
塑膠噴瓶1個（容量100ml）
電子秤

頭髮芳香水

● 材料配方

Ⓐ 尿素0.5公克、甘油1公克
蠶絲蛋白（AA級）1公克

Ⓑ 蘆薈萃取液5公克、矢車菊原液4公克
藍甘橘純露40公克、薰衣草純露42.5公克

Ⓒ 透明奈米銀抗菌劑5公克

● 工具&模型

玻璃燒杯1個、電子秤
塑膠噴瓶1個（容量100ml）

● 精油建議（可視情況自行調整）

玫瑰花精油20滴、精油乳化劑1公克

製作方法

1. 將材料A先混合。
2. 將步驟1、材料B、材料C充分混合均勻。
3. 先混合好精油，並與步驟2材料混合均勻，裝瓶後即完成。

使用方法

1. 可隨身攜帶，於頭髮感覺毛躁時噴灑。
2. 於餐廳用餐完畢後，總感覺食物的氣味都藏匿於毛髮後，使用頭髮芳香水就可以消除氣味！

熱油護法霜

● 材料配方

Ⓐ 冷壓黃金荷荷芭油10公克
開心果油10公克
冷作型乳化劑10公克

Ⓑ 水58公克

Ⓒ 維他命B55公克、甘油5公克

Ⓓ 透明奈米銀抗菌劑2公克

● 工具&模型

玻璃燒杯1個、電子秤
塑膠扁瓶1個（容量100ml）

製作方法

1. 將材料A充分混合，攪拌均勻。
2. 將材料B倒入材料A中，充分混合，攪拌均勻。（多次、少量加入）
3. 將材料C充分混合，攪拌均勻，倒入步驟2中。
4. 將材料D倒入，混合均勻，裝瓶後即完成。

使用方法

洗完頭後取適量塗抹於頭髮上，再用熱毛巾包裹頭髮，過10分鐘後以清水洗淨。

玫瑰香氛水

● 材料配方

精油8公克、酒精82公克
玫瑰純露10公克

● 工具&模型

玻璃燒杯1個
電子秤
噴瓶1個（容量100ml）

● 精油建議（可視情況自行調整）

薰衣草精油3.5公克
玫瑰天竺葵精油3.5公克
玫瑰精油10滴
洋甘菊精油10滴
茉莉精油5滴

製作方法

將材料混合，靜置24小時，裝瓶後即完成。

使用方法

噴灑於身上，隨時保持身體的芳香。

凝脂香膏

身體

植物萃取天然的植物精油，
搭配植物油與蜂蠟調配出來的凝脂香膏，
清新自然、氣味淡雅。用手指的微溫輕輕擦起香膏，
微微的滑過身體，讓體溫慢慢溶化溫潤的油脂，
天然精油的香味在身邊淡淡圍繞。
隨身攜帶一瓶，不只能適時補充，
讓香氛持續圍繞身旁，
透過按摩可讓油脂滋潤、舒緩乾燥肌膚，
帶給你一天的好心情。

● 工具&模型

玻璃燒杯1個
電子秤
透明塑膠扁瓶或馬口鐵盒子數個

製作方法

1. 將材料A隔水加熱，加以混合。
2. 加入材料B，充分攪拌，混合均勻。
3. 等待溫度下降40℃左右，加入精油，裝瓶後即完成。

玫瑰香膏

● 材料配方

Ⓐ夏天配方

有機乳油木果脂30公克
玫瑰花蠟15公克
天然蜜臘10公克

冬天配方

有機乳油木果脂30公克
玫瑰花蠟15公克
天然蜜臘5公克

Ⓑ冷壓金黃荷荷巴油30公克
蘆薈浸泡椰子油10公克
維他命E油1公克

Ⓒ化妝品級珠光粉適量
（為建議配方，請自行參酌）

● 精油建議（可視情況自行調整）

玫瑰精油20滴
茉莉精油5滴
薰衣草精油10滴

使用方法

塗抹於身上、四肢脈膊處，藉由體溫散發，隨時保持身體的芳香，讓肌膚達到滋潤、修復的作用。

手粗粗柔嫩膏

● 材料配方

Ⓐ夏天配方

有機乳油木果脂15公克
天然蜜臘25公克

冬天配方

有機乳油木果脂30公克
天然蜜臘15公克

Ⓑ冷壓金黃荷荷巴油30公克
蘆薈浸泡椰子油10公克
維他命E油1公克

● 精油建議（可視情況自行調整）

茶樹精油30滴
薰衣草精油30滴

使用方法

媽咪的雙手與雙腳因為勤於做家事而變得粗糙、失去光澤，也不再柔嫩啦！請媽咪們在工作前、後都均勻地塗抹此款柔嫩膏，並加以按摩，就可改善手粗粗，回復絲緞般的柔軟、光滑。

輕鬆活力瘦瘦舒緩膏

● 材料配方

Ⓐ夏天配方

有機乳油木果脂15公克
天然蜜臘25公克

冬天配方

有機乳油木果脂30公克
天然蜜臘15公克

Ⓑ冷壓金黃荷荷巴油30公克
蘆薈浸泡椰子油10公克
維他命E油1公克

Ⓒ薄荷腦3公克

● 精油建議（可視情況自行調整）

迷迭香精油20滴
茶樹精油20滴
薰衣草精油20滴
薄荷精油30滴

使用方法

電腦族的肩頸肌肉常常痠痛嗎？以此款舒緩膏塗抹於痠痛部位，稍加以按摩，再搭配適度的休息，就會神采奕奕喲！此款配方也能當作刮沙按摩使用。

PART
3

紳士專門

男士保養首重清潔作用與起泡功能，
格子針對保濕、舒緩、舒壓等功能特別來設計多款香氛用品，
更減去多餘的滋潤配方，要讓辛苦的男人們輕鬆享受生活喔！

沉靜沐浴皂

格子針對男士的使用習慣做過特別的配方調整，
特別考量起泡度、耐用度（擔心使用習慣不好，手工皂溶化速度較快）清爽度和香氛。
希望男士們能盡情放鬆的享受浪漫沐浴時刻。

製作方法

1. 將油脂放入不鏽鋼鍋內，隔水加熱至45℃以下。
2. 將氫氧化鈉加入純水（Ro水）中，攪拌至氫氧化鈉完全溶化，並且降溫至45℃以下。
3. 將步驟2的鹼液倒入步驟1中的油中，並不斷攪拌約40分鐘左右，使兩者產生皂化反應，直到完全混合成美乃滋狀（即為皂液），即可進行下一個步驟。
   註 鹼液請少量、多次倒入油中，細心攪拌。
4. 在已充分攪拌的皂液中加入所喜愛的精油，並且攪拌均勻。
5. 將步驟4中混合均勻的皂液倒入模子中，置入保溫箱，妥善蓋好，並蓋上毛巾。
   註 此處的保溫工作可以保麗龍箱來完成。
6. 待手工皂硬化後（約1至3日）即可取出，並置於通風處讓其自然乾燥，約4星期左右即可使用。

使用方法

1. 將雙手以溫水輕輕打濕，再沾上手工皂，輕柔的將皂抹於手上，平均塗抹於身體肌膚上。
2. 針對髒污處稍加按摩、搓揉起泡，再以清水清潔乾淨即可。

● 材料配方

橄欖油120公克、米糠油 20公克
蓖麻油60公克、棕櫚油100公克
椰子油100公克、白油100公克
氫氧化鈉86公克
廣藿香水215公克
總油重600公克

註 廣藿香水作法：請使用150公克的廣藿香加水榨汁，過濾掉植物的果渣，總重為215公克。

● 工具&模型

不鏽鋼鍋子、塑膠量杯
溫度計、不鏽鋼攪拌器
抹布、塑膠手套、刮刀
牛奶盒2個（1000ml）
或塑膠．矽膠模型

● 精油建議（可視情況自行調整）

迷迭香精油2公克
廣藿香精油2公克
檜木精油2公克
羅勒精油1公克

潔淨刮鬍膠

刮鬍

● 材料配方

Ⓐ甘油5公克、天然牛奶三胜肽0.5公克

Ⓑ玻尿酸凝膠35公克、蘆薈凝膠35公克
法國薰衣草純露23.5克
透明奈米銀抗菌劑1公克

● 工具&模型

玻璃燒杯1個
塑膠罐1個（容量100ml）

● 精油建議（可視情況自行調整）

迷迭精油3滴、尤加利精油3滴
薄荷精油4滴

製作方法

1. 將材料A混合，攪拌均勻。
2. 將材料B混合，攪拌均勻。
3. 將材料A、B混合，攪拌均勻，裝罐後即完成。

使用方法

取適量刮鬍膠均勻地塗抹於臉部肌膚，再以刮鬍刀刮除鬍子。

沉靜刮鬍油

刮鬍

● 材料配方

米糠油90公克、橄欖酯10公克

● 工具&模型

玻璃燒杯1個、不透明玻璃精油瓶1個

● 精油建議（可視情況自行調整）

雪松精油3滴
羅勒精油2滴
廣霍香精油3滴
檜木精油2滴

製作方法

將材料混合，攪拌均勻，裝瓶後即完成。

使用方法

取適量刮鬍油均勻地塗抹於臉部肌膚，再以刮鬍刀刮除鬍子。

清爽刮鬍乳

刮鬍

● 材料配方

Ⓐ精製芒果脂10公克、冷作型乳化劑3公克

Ⓑ法國薰衣草純露84克
透明奈米銀抗菌劑1公克
百里香萃取液2公克

● 工具&模型

玻璃燒杯1個
塑膠罐1個（容量100ml）

● 精油建議（可視情況自行調整）

雪松精油3滴、羅勒精油2滴
迷迭精油3滴、尤加利精油3滴

製作方法

1. 將芒果脂加熱至完全溶解再混合乳化劑。
2. 將材料B混合，攪拌均勻。
3. 將材料A、B混合（請分少量、多次加入），並攪拌均勻，裝罐後即完成。

使用方法

取適量刮鬍乳均勻地塗抹於臉部肌膚，再以刮鬍刀刮除鬍子。

鬍後收斂水

● 材料配方

金縷莓萃取液3公克
長春藤萃取液2公克
甘草萃取液3公克
迷迭香純露91公克
透明奈米銀抗菌劑 1公克

● 工具&模型

玻璃燒杯1個
塑膠噴瓶1個（容量100ml）

● 精油建議（可視情況自行調整）

山雞椒精油5滴、雪松精油5滴
精油乳化劑1公克

製作方法

1. 將所有材料充分混合，並且攪拌均勻。
2. 添加的精油（精油預先使用精油乳化劑攪拌均勻），裝瓶後即完成。

使用方法

於刮鬍後取適量收斂水倒於手掌心，輕拍於刮鬍區域即可。

保濕收斂水

● 材料配方

金縷莓萃取液2公克
甘草萃取液2公克
蘆薈萃取5公克
迷迭香純露90公克
透明奈米銀抗菌劑1公克

● 工具&模型

玻璃燒杯1個
塑膠噴瓶1個（容量100ml）

● 精油建議（可視情況自行調整）

雪松精油3滴
薄荷精油3滴
迷迭香精油3滴
精油乳化劑1公克

製作方法

1. 將所有材料充分混合，並攪拌均勻。
2. 添加精油（精油預先以精油乳化劑攪拌均勻），裝瓶即完成。

使用方法

1. 臉部適當清潔後，可倒適量柔膚收斂水於化妝棉上，以化妝棉輕輕拍打臉部肌膚。
2. 亦可將化妝水裝於噴霧瓶，直接當噴霧使用。

舒壓保濕乳

● 材料配方

Ⓐ精製蘆薈脂5公克
天然橄欖乳化蠟（1000型）3公克

Ⓑ迷迭香純露40公克

Ⓒ蘆薈萃取液5公克
迷迭香純露46公克

Ⓓ透明奈米銀抗菌劑1公克

● 工具&模型

玻璃燒杯1個
塑膠瓶1個（容量100ml）
攪拌器、刮刀

● 精油建議

雪松精油2滴
薰衣草精油3滴
羅勒精油2滴
檜木精油3滴

製作方法

1. 將A、B材料分別置於耐熱量杯中。
將材料A加熱至原料均完全溶解，溫度大約75℃至80℃，溶解後請持續攪拌30秒，離火。材料B也隔水加熱。
2. 將材料B倒入材料A中，並且攪拌均勻，直到狀態呈現乳液狀，建議拌到溫度低於50℃。
3. 等待溫度下降至40℃時，將材料C分次加入步驟2中，並且攪拌均勻。
4. 將精油滴入步驟3中，並且攪拌均勻。
5. 最後將D加入，攪拌均勻，裝瓶後即可。

使用方法

使用於保濕收斂水後，建議可以指腹稍做按摩。

純淨敷面泥

● 材料配方

Ⓐ綠石泥20公克
植物性甘油5公克
蘆薈凝膠15公克
維他命E油2公克

Ⓑ蘆薈萃取液2公克
洋甘菊萃取液2公克
金縷梅萃取液2公克
綠茶萃取液2公克

Ⓒ透明奈米銀抗菌劑1公克

● 工具&模型

玻璃燒杯1個
塑膠罐1個（容量100ml）

● 精油建議（可視情況自行調整）

花梨木精油3滴
無光敏性佛手柑精油3滴
玫瑰天竺葵精油3滴

製作方法

1. 將材料A混合均勻。
2. 加入材料B，混合均勻。
3. 加入材料C，混合均勻，裝罐後即完成。

使用方法

於肌膚清潔後，使用敷面刷將敷面泥均勻塗抹於肌膚上，等待5至10分鐘後，再以清水洗淨，並且按照一般程序保養肌膚即可。建議油性肌膚每週可使用1至2次，乾性肌膚每週使用1次。

苦茶養髮皂

● 材料配方

苦茶子油432公克
棕櫚核仁油168公克
氫氧化鈉87公克
純水（Ro水）217公克
薄荷腦6公克
總油重600公克

● 工具&模型

不鏽鋼鍋、塑膠量杯
溫度計、不鏽鋼攪拌器
抹布、塑膠手套、刮刀
牛奶盒2個（容量100ml）
或塑膠．矽膠模型

● 精油建議

迷迭香精油3公克
薄荷精油3公克

製作方法

1. 將油脂放入不鏽鋼鍋內，隔水加熱至45℃以下。
2. 將氫氧化鈉加入純水中，攪拌至氫氧化鈉完全溶化，降溫至45℃以下。
3. 將步驟2的鹼液倒入步驟1中的油中，並不斷攪拌約40分鐘左右，使兩者產生皂化反應，直溶液完全混合成美乃滋狀（即為皂液），即可進行下一個步驟。

   註 鹼液請少量、多次倒入油中，細心攪拌。
4. 在已充分攪拌的皂液中加入所喜愛的精油、添加物，並且攪拌均勻。
5. 將步驟4中混合均勻的皂液倒入模子中，置入保溫箱，妥善蓋好，並蓋上毛巾。

   註 此處的保溫工作可以保麗龍箱來完成。
6. 待手工皂硬化後（約1至3日）即可取出，並置於通風處讓其自然乾燥，約4星期左右即可使用。

使用方法

先將頭髮打濕。雙手以溫水輕輕打濕，再沾上手工皂，輕柔的將皂抹於手上，平均塗抹於頭皮肌膚上。可針對頭皮再多加強、按摩一下，以清水清洗乾淨即可。

頭皮調理水

● 材料配方

牛蒡萃取液2公克
馬尾草萃取液2公克
尿素0.5公克、甘油2公克
薄荷腦0.5公克
快樂鼠尾草純露45公克
雪松純露45公克
透明奈米銀抗菌劑1公克

● 工具&模型

玻璃燒杯1個、塑膠噴瓶1個（容量100ml）

● 精油建議（可視情況自行調整）

雪松精油3滴、薄荷精油3滴
迷迭香精油3滴、精油乳化劑1公克

製作方法

所有材料混合均勻，裝瓶即可使用。

使用方法

於頭髮清潔後，噴灑於頭皮，並且以指腹稍加按摩，加強吸收功效。

雙足舒爽粉

● 材料配方

小蘇打粉50公克
玉米粉100公克
薄荷腦1公克
備長碳粉1公克
茶樹精油20滴
尤加利精油20滴

● 工具&模型

鍋子1個、塑膠盒子1個、研磨機

製作方法

所有材料使用研磨機混合均勻，裝盒即可使用。

使用方法

出門前取適量舒爽粉灑於鞋內，可降低雙腳發汗、潮濕的機會，並且消除因腳汗而引起的怪味道。

抑汗爽身噴霧

● 材料配方

Ⓐ明礬10公克、純水（Ro水）30公克

Ⓑ薄荷精油5滴、茶樹精油10滴
薰衣草精油5滴、精油乳化劑3公克

Ⓒ純水（Ro水）55公克、透明奈米銀抗菌劑1公克

● 工具&模型

燒杯2個、溫度計1支、塑膠噴瓶1個（容量100ml）

製作方法

1. 將材料A中的純水（Ro水）加熱至50℃，與明礬混合均勻。
2. 將材料B混合均勻。
3. 等待步驟1材料溫度下降至45℃以下，混合材料B、材料C，並且攪拌均勻，裝瓶後即可使用。

使用方法

男人身上總是有過多的汗水，是一種濃濃的「男人味」，只要均勻地噴灑於身體容易發汗處，就可以抑制汗水，輕爽再現！

PART
4

居家生活

最低調的奢華就從最簡單的生活裡頭開始！
格子要教你以精油與天然配方創造創造香氛居家生活。

家事手工皂

● 材料配方

米糠油60公克
棕櫚油120公克
椰子油420公克
氫氧化鈉104公克
純水（Ro水）260公克
總油重600公克

● 工具&模型

不鏽鋼鍋、塑膠量杯
溫度計、不鏽鋼攪拌器
抹布、塑膠手套、刮刀
牛奶盒2個（1000ml）
或塑膠．矽膠模型

● 精油建議（可視情況自行調整）

茶樹精油4公克
檸檬精油2公克

製作方法

1. 將油脂放入不鏽鋼鍋內，隔水加熱至45℃以下。
2. 將氫氧化鈉加入純水（Ro水）中，攪拌至氫氧化鈉完全溶化，降溫至45℃以下。
3. 將步驟2的鹼液倒入步驟1中的油中，並不斷攪拌約40分鐘左右，使兩者產生皂化反應，直到完全混合成美乃滋狀（即為皂液），即可進行下一個步驟。

   註 鹼液請少量、多次倒入油中，並細心攪拌。
4. .在已充分攪拌的皂液中加入所喜愛的精油，並攪拌均勻。
5. 將步驟4中混合均勻的皂液倒入模子中，置入保溫箱，妥善蓋好，並蓋上毛巾。

   註 此處的保溫工作可以保麗龍箱來完成。
6. 待手工皂硬化後（約1至3日）即可取出，並置於通風處讓其自然乾燥，約4星期左右即可使用。

使用方法

1. 寶寶的衣物、媽媽心愛的貼身衣物，都可以使用這款手工皂來手洗，天然、乾淨又放心。
2. 爸爸的袖口、領口，還有難洗的襪子也可以在丟入洗衣機之前，先用這款家事手工皂先加以搓揉，再丟入洗衣機，洗淨力超強喔！

精油洗潔精

衣物

● 材料配方

Ⓐ飽和食鹽水30公克
純水（Ro水）100公克

Ⓑ有機椰子油起泡劑300公克
純水（Ro水）510公克
透明奈米銀抗菌劑10公克

● 工具&模型

不鏽鋼鍋1個、玻璃燒杯1個
塑膠壓瓶1個（容量1000ml）

● 精油建議（可視情況自行調整）

洗碗用
茶樹精油10公克、檸檬精油10公克
洗衣用
薰衣草精油6公克、茶樹精油4公克

製作方法

1. 將材料A混合，攪拌均勻。
2. 將材料B混合，攪拌均勻。
3. 將材料A、B混合（請分少量、多次加入），並攪拌均勻，裝罐後即完成。

使用方法

用來洗碗時，取適量洗潔精稀釋，按照正常程序進行清潔即可。用來洗衣服時則按照正常清洗劑量使用。

衣物柔軟精

衣物

● 材料配方

Ⓐ檸檬酸60公克
純水（Ro水）890公克
透明奈米銀抗菌劑10公克

Ⓑ薰衣草精油6公克
茶樹精油4公克
精油乳化劑30公克

● 工具&模型

不鏽鋼鍋子1個
玻璃燒杯1個
塑膠廣口瓶1個（容量1000ml）

製作方法

1. 將材料B先在玻璃燒杯裡，混合均勻。
2. 將材料A在不鏽鋼鍋裡，混合均勻。
3. 將上述步驟1與步驟2材料混合均勻，裝瓶，靜置一天即可使用。

使用方法

於衣物最後一次清洗時加入30至50ml左右，再依正常洗淨程序完成即可。

去污洗潔粉

廚房的不鏽鋼流理台面常常被水垢沾滿光鮮的色澤，瓦斯爐具邊也充滿了污垢，浴缸、洗手台也都有黃黃的污垢，請動手製作這款簡單又方便的去污洗淨粉來試試看，會有不錯的效果喔！

● 材料配方

小蘇打粉70公克、檸檬酸15公克
鹽15公克

● 工具&模型

不鏽鋼鍋子1個
塑膠廣口瓶1個（容量1000ml）

製作方法

將上述材料置於不鏽鋼鍋裡，混合均勻，裝瓶後即可使用。

使用方法

使用沾溼的菜瓜布，針對油污處刷洗。

芳香除臭劑

冰箱裡頭常常有莫名的食物氣味嗎？除了日常生活裡隨時養成良好的使用習慣之外，挑選可食用的透明奈米銀抗菌劑和天然的精油來製作冰箱的除臭劑，就可以讓冰箱常保清潔與芳香。

● 材料配方

Ⓐ茶樹精油10滴
檸檬精油10滴
精油乳化劑2公克

Ⓑ純水（Ro水）86公克
透明奈米銀抗菌劑10公克

● 工具&模型

玻璃燒杯1個
塑膠瓶1個（容量100ml）

製作方法

將步所有材料混合，攪拌均勻後裝瓶，放入冰箱即可。

除垢噴霧

以前不知道檸檬酸妙用的格子，不是在洗完澡後順手刷一刷馬桶，就是得以鹽酸來徹底清理馬桶一番，鹽酸的確可以把頑垢清洗乾淨，但對環境的殺傷力也很大喔！從今天起，請你跟著格子一同動手來體驗，輕鬆清洗頑強污垢的妙點子吧！

● 材料配方

小蘇打粉30公克、檸檬酸30公克
純水（Ro水）200公克

● 工具&模型

玻璃燒杯1個
塑膠噴瓶1個（容量100ml）

製作方法

將上述材料置於玻璃燒杯裡，混合均勻，裝瓶後即可使用。

使用方法

清潔馬桶之前，請先使用除垢噴霧噴灑於尿垢、黃斑較多的地方，靜待數分鐘後再按照正常程序刷洗馬桶。

木質家具保養噴霧

桐油可以用來製作手工皂，能作出泡沫柔細、質地厚實洗感又清爽的手工皂。現在格子把它用於木質家具的保養上，此款配方具有防水與防腐的作用，還添加了檜木精油，可以讓家具也香噴噴的喔！

● 材料配方

Ⓐ冷作型乳化劑3公克、桐油5公克

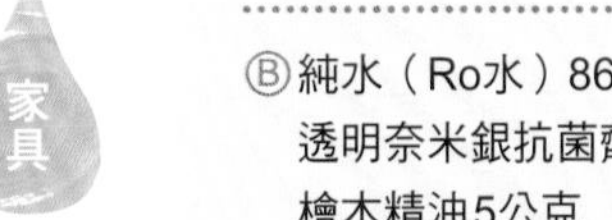

Ⓑ純水（Ro水）86公克
透明奈米銀抗菌劑1公克
檜木精油5公克

● 工具&模型

玻璃燒杯2個、塑膠瓶1個（容量100ml）

製作方法

1. 將材料A於玻璃燒杯裡，混合均勻。
2. 將材料B於玻璃燒杯裡，混合均勻。
3. 將步驟1材料分少量、多次與步驟2的材料混合，攪拌均勻後即完成。

使用方法

木質家具、地板清理後，請使用抹布適量的沾取，均勻塗抹其於上即可。

去味香氛噴霧

鞋櫃、鞋子裡常充滿不好的味道，
剛從餐廳、KTV等等娛樂場所出來時，
全身從頭到腳也都會有不良的氣味，
唉喲，真是不舒服！此款配方是多用途的喔，
建議家裡擺一罐，也隨身攜帶一罐，非常實用喔！

● 工具&模型

玻璃燒杯1個、塑膠噴瓶1個（容量100ml）

製作方法

將所有材料混合，攪拌均勻，裝瓶後放入冰箱2天的時間，取出後即可使用。

使用方法

適量地噴灑於有異味的物體上即能達到除臭、抗菌的作用。

花采

● 材料配方

薰衣草精油15滴
玫瑰天竺葵精油15滴
尤加利精油5滴
茶樹精油5滴
精油乳化劑6公克
95%酒精25公克
透明奈米銀抗菌劑10公克
純水（Ro水）57公克

清新柑橘

● 材料配方

甜橙精油10滴
檸檬精油10滴
佛手柑精油10滴
薰衣草精油5滴
迷迭香精油5滴
精油乳化劑6公克
95%酒精25公克
透明奈米銀抗菌劑10公克
純水（Ro水）57公克

綠草如茵

● 材料配方

雪松精油5滴
茶樹精油10滴
薄荷精油5滴
廣藿香精油5滴
迷迭香精油10滴
薰衣草精油5滴
精油乳化劑6公克
95%酒精25公克
透明奈米銀抗菌劑10公克
純水（Ro水）57公克

解壓香氛噴霧

釋放生活壓力最好的方法就是充分的睡眠。
好的睡眠氣氛與品質都是累積新能量的開始，
試試看格子特別設計一夜好眠香氛噴霧配方，
除了能沉澱心靈，更能舒緩壓力喔！

● 工具&模型

玻璃燒杯1個、塑膠噴瓶1個（容量100ml）

製作方法

將所有材料混合，攪拌均勻，裝瓶後放入冰箱2天，取出後即可使用。

使用方法

於室內空間適度噴灑。

一夜好眠

● 材料配方

安息香精油10滴
薰衣草精油25滴
羅勒精油5滴
精油乳化劑6公克
95%酒精5公克
透明奈米銀抗菌劑1公克
純水（Ro水）86公克

精采活力

● 材料配方

香蜂草精油10滴
迷迭香精油10滴
甜橙精油10滴
佛手柑精油10滴
精油乳化劑6公克
95%酒精5公克
透明奈米銀抗菌劑1公克
純水（Ro水）86公克

液體芳香劑

● 材料配方

Ⓐ自選喜歡的精油5公克
精油乳化劑15公克

Ⓑ95%酒精15公克
純水（Ro水）63公克
透明奈米銀抗菌劑2公克

● 工具&模型

玻璃燒杯1個
塑膠瓶1個（容量100ml）

市售很多的芳香劑味道都很迷人，
但香精與揮發劑使用過度，會對人體與環境造成傷害，
動手用100%純天然的精油來製作吧！既簡單又安心啊！

製作方法

將所有材料混合，攪拌均勻，放入冰箱2天，即可裝瓶使用。

使用方法

可添加於市售的芳香瓶（有海棉吸管），作為補充劑使用。

固體芳香劑

此配方比例使用1%的凝膠形成劑，製作出來是水嫩的凝膠狀，
若希望成品更接近固體，
可以將凝膠形成劑的比例提高到3%左右，
會有很顯著的效果。

● 材料配方

Ⓐ凝膠形成劑（耐酸鹼型）1公克
甘油2公克

Ⓑ三乙醇胺（中和劑）1公克
純水（Ro水）77公克

Ⓒ自選喜歡的精油5公克
95%酒精15公克
透明奈米銀抗菌劑2公克

● 工具&模型

玻璃燒杯1個
塑膠罐1個（容量100ml）

製作方法

1. 先將材料A的凝膠粉與甘油攪拌均勻。
2. 將步驟1材料與純水（Ro水）混合均勻（可隔水加熱，以縮短凝膠形成劑與水混合均勻的時間）。
3. 將三乙醇胺灑入步驟2中，並攪拌拌勻。
4. 將材料C分2次左右均勻地拌入步驟3中，裝罐後即可使用。

使用方法

置於室內的空間，保持香氛氣息。

PART 5

抗痘專門

痘痘肌膚就是因為肌膚裡的油水分布不均勻，導致痘痘狂冒不止。
格子建議你一定要適度的清潔肌膚，
使用溫和、不刺激的手工皂搭配適當的調理，
可讓肌膚逐漸恢復健康的狀態！

綠野新生皂

此款配方添加了研磨細緻的綠豆粉，
除了天然的美麗色彩可增添視覺享受之外，
綠豆的解毒效果也是出乎意料的好。
搭配研磨細緻的米粒可去角質，
充分舒緩疲憊的肌膚，達到放鬆的功效。
「自然」原來是最高級的享受喔！
使用清爽的米糠油、芝麻油及油性肌膚最適合的荷荷巴油，
連痘痘肌膚都能輕鬆「戰痘」喲！

製作方法

1. 將油脂放入不鏽鋼鍋內，隔水加熱至45℃以下。
2. 將氫氧化鈉加入純水（Ro水）中，攪拌至氫氧化鈉完全溶化，並且降溫至45℃以下。
3. 將步驟2的鹼液倒入步驟1中的油中，並不斷攪拌約40分鐘左右，使兩者產生皂化反應，直到完全混合成美乃滋狀（即為皂液），即可進行下一個步驟。
   註 鹼液請少量、多次倒入油中，細心攪拌。
4. 在已充分攪拌的皂液中加入所喜愛的精油和其他添加物，並且攪拌均勻。
5. 將步驟4中混合均勻的皂液倒入模子中，置入保溫箱，妥善蓋好，並蓋上毛巾。
   註 此處的保溫工作可以保麗龍箱來完成。
6. 待手工皂硬化後（約1至3日）即可取出，並置於通風處讓其自然乾燥，約4星期左右即可使用。

使用方法

1. 將將雙手以溫水輕輕打濕，再沾上手工皂，輕柔的將皂抹於手上，平均塗抹於身體肌膚上。
2. 針對髒污處稍加按摩、搓揉起泡，再以清水清潔乾淨即可。

材料配方

米糠油120公克、芝麻油120公克、白油60公克
棕櫚油120公克、棕櫚核仁油120公克
金黃荷荷芭油60公克、氫氧化鈉85公克
廣藿香水210公克、薄荷腦12公克
綠豆粉10公克、米粒10公克、綠豆10公克
總油重600公克

註 廣藿香水的作法：廣藿香200公克加水榨汁，過濾果渣後總重210公克。米粒、綠豆請先使用磨豆機研磨成細緻的顆粒，準備加入手工皂中使用。

工具&模型

不鏽鋼鍋子、塑膠量杯、溫度計、不鏽鋼攪拌器
抹布、塑膠手套、刮刀、牛奶盒2個（1000ml）
或塑膠．矽膠模型

精油建議（可視情況自行調整）

茶樹精油2公克、迷迭香精油2公克
廣藿香精油2公克、薄荷精油2公克

清潔收斂水

臉部

● 材料配方

甘草萃取液2公克、金縷梅萃取液2公克
蘆薈萃取液3公克、橙花純露40公克
岩玫瑰純露50公克
白楊柳樹皮萃取液3公克
尤加利精油20滴

● 工具&模型

玻璃燒杯1個、電子秤
塑膠噴瓶1個（容量100ml）

● 精油建議（可視情況自行調整）

茶樹精油10滴、薰衣草精油10滴
精油乳化劑 1公克

製作方法

將所有材料混合均勻，裝瓶後即完成。

使用方法

1. 於臉部清潔完成後，使用噴瓶平均噴灑在臉部肌膚上，讓肌膚吸收即可。
2. 若臉部青春痘情況嚴重，亦可使用面膜紙浸潤清潔收斂水後敷臉，每週1至2次。

清爽保濕乳

● 材料配方

Ⓐ荷荷芭油5公克、冷作型乳化劑1公克

Ⓑ蘆薈萃取液5公克

Ⓒ橙花純露44公克、岩玫瑰純露40公克
白楊柳樹皮萃取液5公克

● 工具&模型

玻璃燒杯1個、電子秤
塑膠瓶1個（容量100ml）

● 精油建議（可視情況自行調整）

茶樹精油10滴、薰衣草精油10滴
精油乳化劑 1公克

製作方法

1. 將材料A混合，攪拌均勻。
2. 將材料B混合，攪拌均勻。
3. 將材料A、B混合（分少量、多次地加入）、攪拌均勻，裝瓶後即完成。

使用方法

1. 於清潔收斂水後使用，能補充水分，讓肌膚的油水達到較平衡的狀態。
2. 若肌膚過油，則只需保持肌膚的清潔與水分補充，不一定需要使用保濕乳。

抗痘凝膠

● 材料配方

Ⓐ橄欖葉多酚濃縮精萃5公克
青柚籽雕塑精華萃取5公克
植物神經醯胺精5公克

Ⓑ玻尿酸凝膠30公克
白楊柳樹皮萃取液5公克

● 工具&模型

玻璃燒杯1個
塑膠罐1個（容量100ml）

● 精油建議（可視情況自行調整）

茶樹精油10滴、薰衣草精油10滴
薄荷精油10滴、精油乳化劑 1公克

製作方法

將所有材料混合均勻，裝罐之後即完成。

使用方法

肌膚若有痘痘、發炎、紅腫，可以使用此款配方喔！請於臉部清潔、保養完成後，塗抹於發炎、紅腫部位，讓肌膚吸收，隔天就會有舒緩、消炎的效果了。

深層清潔面膜

● 材料配方

Ⓐ綠石泥6公克、酵母粉6公克
天然穀物去角質粉12公克

Ⓑ白楊柳樹皮萃取液3公克

Ⓒ薰衣草純露22公克
透明奈米銀抗菌劑1公克

● 工具&模型

玻璃燒杯1個、電子秤
塑膠扁罐1個（容量50ml）

● 精油建議（可視情況自行調整）

茶樹精油5滴、薰衣草精油5滴
薄荷精油5滴

製作方法

將所有配方混合均勻，裝罐後即完成。

使用方法

臉部清潔完成後，可以每週使用清潔面膜替毛孔做一次深層的大掃除，讓毛孔裡頭的髒污無所遁形。於清潔完成後，使用適量清潔面膜塗抹於臉部肌膚，稍微按摩數分鐘，讓面膜停留在肌膚上3至5分鐘，再沖洗乾淨即可。

PART 6

艷陽專門

炎炎夏日，別讓艷陽傷了嬌貴的肌膚喔！

除了清潔、保養之外，防曬也很重要喲！

從曬前的防護工作到曬後的修復、舒緩、調理，格子都為你一一示範喔！

防曬護脣膏

● 材料配方

夏天配方

天然蜜蠟8公克
堪地里蠟8公克
橄欖蠟（有機）8公克
未精緻棕櫚果油10公克
精製乳油木果脂50公克
蘆薈浸泡椰子油15公克
維他命E油1公克
奈米級二氧化鈦0.2公克

冬天配方

天然蜜蠟6公克
堪地里蠟6公克
橄欖蠟（有機）6公克
未精緻棕櫚果油10公克
精製乳油木果脂50公克
蘆薈浸泡椰子油20公克
維他命E油2公克
奈米級二氧化鈦0.2公克

● 工具&模型

玻璃燒杯1個
電子秤
塑膠護脣膏管（容量5公克）20個

請特別注意護脣膏的香氛添加，若使用精油，建議總量控制在0.5%以下，就是100公克的護脣膏材料，添加10滴左右的精油，並避免使用光敏性的精油（例如：柑橘類精油），這樣才能減少過敏、刺激的情況產生喔！格子建議在此配方使用食用香精，會比較安全一點。若是給小朋友用的護脣膏，可以添加一點甜菊葉粉，甜甜的可以提高小朋友的使用意願。

製作方法

1. 將所有材料量妥，置入玻璃燒杯中隔水加熱。
2. 等待材料全部溶解後取出。
3. 等待溫度下降至60℃以下，加入食用香精。
4. 裝瓶後即完成。

使用方法

塗抹於脣部肌膚。

曬前防護乳

● 材料配方

Ⓐparsol 1789 3公克、parsol MCX 3公克、parsol SLX 5公克
parsol 340 5公克、奈米二氧化鈦5公克、化粧品級山茶花油5公克
矽靈（清爽型）7公克、矽靈3公克
天然橄欖乳化蠟（900型）2公克、冷作乳化劑（油包水型）2公克
薄荷腦1公克、防曬增效順滑劑3公克

Ⓑ小黃瓜萃取液5公克、蘆薈萃取液5公克、食鹽1公克
薄荷純露40公克、透明奈米銀抗菌劑3公克

● 工具&模型

玻璃燒杯2個、電子秤、塑膠罐

製作方法

1. 將材料A和材料B分別置於兩個量杯中，同時進行隔水加熱至80℃，直到橄欖乳化蠟及parsol 1789都溶解為止。
2. 將1/5的材料B倒入材料A中，以電動攪拌器（如百靈攪拌器）攪拌約1分鐘，防曬材充分混合呈現乳霜狀或鹹豆漿的塊狀。
3. 重複步驟2的動作，直到所有防曬液都充分混合成為質地均勻的乳霜狀為止。
4. 稍微靜置一下，觀察所有材料的混合狀況，如果沒有分離就可以裝罐了，就完成囉！

註 建議多打個幾分鐘，成品的質地會比較均勻。

使用方法

於出門前提早30分鐘均勻塗抹於肌膚上，使用前請搖一搖喔！

製作防曬乳液有幾個重點，請注意：

1. 一定要用吸底式電動攪拌器攪拌均勻（如百靈攪拌器，或其他可以吸附鍋具底部的攪拌器具），攪拌的速度加快，質地會比較穩定，也可降低失敗機率。
2. 第一次的材料混合，一定要將1/5的材料混合均勻後，才能繼續加入，確保所以有材料都均勻打入，並且攪拌均勻。
3. 為了要求成品的穩定性，所有的原料都需加熱，否則完成的防曬液相當容易分離，而導致失敗。
4. 油項若添加越少，則成品越稠，如果想製作作稠一點的質地，可以酌量減少植物油及矽靈。
5. 若防曬乳液想擦在臉上，建議可以取消薄荷腦，尤其是敏感性肌膚者。

頭髮防曬噴霧

頭髮

● 材料配方

Ⓐ Patsol HS 4公克
試藥級氫氧化鈉0.6公克
蘿蔔根（泡菜）酵素濾過液2公克

Ⓑ 馬鞭草純露80公克
蘆薈萃取液13.4公克

Ⓒ 橙花純露44公克、岩玫瑰純露40公克
白楊柳樹皮萃取液5公克

● 工具&模型

玻璃燒杯2個、電子秤
塑膠噴瓶1個（容量100ml）

● 精油建議（可視情況自行調整）

茶樹精油10滴、薰衣草精油10滴
精油乳化劑 1公克

製作方法

1. 將材料A、B分別混合均勻。
2. 將材料A、B混合均勻，裝瓶後即完成。

使用方法

艷陽高照，除了保護肌膚避免紫外線的荼毒，出門前也要記得先把頭髮噴一噴防曬噴霧，保護一下秀髮喲！

曬後鎮定噴霧

● 材料配方

玫瑰純露49公克
薰衣草純露40公克
德國藍甘菊純露10公克
透明奈米銀抗菌劑1公克

● 工具&模型

玻璃燒杯1個、電子秤
塑膠噴瓶1個（容量100ml）

● 精油建議（可視情況自行調整）

茶樹精油10滴、薰衣草精油10滴
精油乳化劑 1公克

製作方法

將材料都混合均勻，裝瓶後即完成。

使用方法

被陽光曬得頭眼昏花、暈頭轉向了嗎？給肌膚來點補充吧！隨身在袋子裡放一罐鎮定噴霧，不管是臉部肌膚、手，腳隨時隨地都能噴一噴，舒緩、鎮定一下被紫外線侵襲的肌膚，回復水噹噹的模樣喲！

運動舒緩噴霧

身體

● 材料配方

濃縮海洋元素粉3公克
黑胡椒純露45公克
薰衣草純露50公克
日本山葵根酵素萃取液2公克

● 工具&模型

玻璃燒杯1個、電子秤
塑膠噴瓶1個（容量100ml）

● 精油建議（可視情況自行調整）

茶樹精油10滴、薰衣草精油10滴
薄荷精油10滴、精油乳化劑 1公克

製作方法

將材料都混合均勻，裝瓶後即完成。

使用方法

在戶外運動，建議隨身攜帶這罐運動舒緩噴霧，只要肌肉疲勞了，隨時噴一下，海洋元素能提供肌膚在短時間內恢復元氣喔！

鎮定修復膠

● 材料配方

蘆薈膠30公克、玻尿酸凝膠30公克
奇異果萃取液10公克
甘草萃取液5公克、蘆薈萃取液5公克
薄荷腦1公克、薰衣草純露20公克
透明奈米銀抗菌劑1公克

● 工具&模型

玻璃燒杯1個、電子秤
塑膠罐1個（容量100ml）

● 精油建議（可視情況自行調整）

茶樹精油5滴、薰衣草精油5滴
薄荷精油5滴

製作方法

將材料混合均勻，裝罐後即完成。

使用方法

1. 於曬後肌膚清潔完成後，取適量修復膠塗抹於肌膚上，等待肌膚充分吸收。
2. 曬後肌膚最需要的是鎮定、消炎、舒緩等作用，以甘草給予消炎，蘆薈給予鎮定，再加一點奇異果追加美白效果吧！

蘆薈舒緩皂

材料配方

橄欖油210公克、棕櫚核仁油120公克
棕櫚油120公克、精製乳油木果脂90公克
冷壓琉璃苣油 30公克、蓖麻油30公克
氫氧化鈉85公克、蘆薈水202公克
蘆薈粉10公克
總油重600公克

註 蘆薈水的作法：蘆薈200公克與水榨成汁，過濾果渣後的重量為202公克。

工具&模型

不鏽鋼鍋子、塑膠量杯
溫度計、不鏽鋼攪拌器
抹布、塑膠手套、刮刀
牛奶盒2個（1000ml）
或塑膠．矽膠模型

精油建議（可視情況自行調整）

薰衣草精油2公克
廣藿香精油2公克
薄荷精油2公克

製作方法

1. 將油脂放入不鏽鋼鍋內，隔水加熱至45℃以下。
2. 將氫氧化鈉加入純水（Ro水）中，攪拌至氫氧化鈉完全溶化，並且降溫至45℃以下。
3. 將步驟2的鹼液倒入步驟1中的油中，並不斷攪拌約40分鐘左右，使兩者產生皂化反應，直到完全混合成美乃滋狀（即為皂液），即可進行下一個步驟。
   註 鹼液請少量、多次倒入油中，細心攪拌。
4. 在已充分攪拌的皂液中加入所喜愛的精油與添加物，並且攪拌均勻。
5. 將步驟4中混合均勻的皂液倒入模子中，置入保溫箱，妥善蓋好，並蓋上毛巾。
   註 此處的保溫工作可以保麗龍箱來完成。
6. 待手工皂硬化後（約1至3日）即可取出，並置於通風處讓其自然乾燥，約4星期左右即可使用。

使用方法

1. 將雙手以溫水輕輕打濕，再沾上手工皂，輕柔的將皂抹於手上，平均塗抹於身體肌膚上。
2. 針對髒污處稍加按摩，搓揉起泡，再以清水清潔乾淨即可。

曬後保濕霜

● 材料配方

Ⓐ精製開心果脂5公克
天然橄欖乳化蠟（1000型）
3公克

Ⓑ薄荷純露75公克

Ⓒ蘆薈萃取液5公克
桑白皮萃取液5公克
植物膠原海藻精華萃取5公克

Ⓓ透明奈米銀抗菌劑1公克

● 工具&模型

玻璃燒杯2個
塑膠瓶1個（容量100ml）

製作方法

1. 將材料A量好，隔水加熱，等待全部溶解後再等20秒（確認材料混合均勻）
2. 將材料B量好，隔水加熱至70℃，混入步驟1中，分少量、多次倒入。（此時的鍋子仍浸於熱水中隔水保溫，使溫度緩慢下降。）
3. 將材料A與材料B混合均勻後，等待溫度下降至40℃左右，加入材料C、D與自己喜愛的精油，再度混合攪拌均勻，裝罐後即完成。

使用方法

於曬後肌膚清潔工作完成後，取適量保濕霜塗抹於肌膚上，等待肌膚充分吸收。

曬後面膜液

● 材料配方

蘆薈萃取液5公克
甘草萃取液5公克
1%玻尿酸原液50公克
維他命原B5 2公克
薄荷腦0.1公克
尿素0.5公克
薰衣草純露30公克
透明奈米銀抗菌劑1公克

● 工具&模型

玻璃燒杯1個
電子秤
塑膠噴瓶1個（容量100ml）

製作方法

將所有材料混合，攪拌均勻，裝瓶後即完成。

使用方法

使用面膜紙浸濕，敷於臉部肌膚上，10至20分鐘後取下，讓肌膚完全吸收面膜液後，按照正常保養程序保養臉部肌膚即可。

PART
7

戶外生活

防蚊商品、抗菌噴霧都可以自己在家裡輕鬆調配喲！
重點是味道清香、自然、沒有添加多餘的化學成分，防蚊大作戰啟動囉！

防蚊噴霧

● 材料配方

Ⓐ香茅精油20滴、薰衣草精油20滴
檜本精油20滴、貓薄荷精油20滴
茶樹精油10滴、迷迭香精油10滴
精油乳化劑10公克

Ⓑ純水84公克

Ⓒ透明奈米銀抗菌劑1公克

● 工具&模型

玻璃燒杯1個
塑膠瓶1個（容量100ml）

製作方法

1. 將材料A混合，攪拌均勻。
2. 將材料B加入，攪拌均勻。
3. 將材料C加入，攪拌均勻，裝瓶後即完成。

使用方法

均勻噴灑於皮膚上即可。由於是天然的防蚊噴霧，所以請每隔3小時左右噴一次。

防蚊乳液

● 材料配方

Ⓐ冷壓安弟羅巴果油10公克
冷作型乳化劑1公克

Ⓑ薰衣草純露89公克

Ⓒ天然葡萄柚抗菌劑1公克

● 工具&模型

玻璃燒杯1個、塑膠瓶1個（容量100ml）

● 精油建議（可視情況自行調整）

茶樹精油10滴、薰衣草精油10滴

製作方法

1. 將材料A混合，攪拌均勻。
2. 將材料B加入，攪拌均勻（多次、少量）。
3. 將材料C加入，攪拌均勻，裝瓶即完成。

使用方法

冷壓安弟羅巴果油含有天然無味的驅蟲劑（呋喃萜類化合物），所以不需另加精油。

防蚊凝膠

身體

材料配方

Ⓐ蘆薈膠8公克、薰衣草純露13公克

Ⓑ天然葡萄柚抗菌劑1公克

Ⓒ香茅精油10滴、薰衣草精油10滴
檜木精油10滴、貓薄荷精油10滴
茶樹精油10滴、迷迭香精油10滴
橄欖脂3公克

工具&模型

玻璃燒杯1個
塑膠罐1個（容量100ml）

製作方法

1. 將材料A混合，攪拌均勻。
2. 將材料B加入，攪拌均勻。
3. 將材料C加入，攪拌均勻，裝罐後即完成。

使用方法

取適量塗抹於肌膚上，除了防蚊，此款配方還能幫肌膚補充水分，有保濕作用。夏季使用時，還能加上薄荷精油，以增添清涼感受。

方便噴霧

材料配方

75%酒精90公克
茶樹精油40滴
尤加利精油20滴
綠花白千層精油40滴
透明奈米銀抗菌劑5公克

工具&模型

玻璃燒杯1個
塑膠噴瓶1個（容量100ml）

製作方法

1. 充分混合材料。
2. 裝瓶，靜置24小時後即可使用。

使用方法

有小朋友、懷孕的媽媽，在室外活動如廁時常會發生不方便的窘態。使用方便噴霧於如廁前把馬桶蓋徹底的清潔、消毒一番，這樣使起來會更安心喔！

止汗噴霧劑

● 材料配方

Ⓐ薄荷精油20滴
快樂鼠尾草精油20滴
精油乳化劑4公克

Ⓑ快樂鼠尾草純露93公克

Ⓒ透明奈米銀抗菌劑1公克

● 工具&模型

玻璃燒杯1個
塑膠噴瓶1個（容量100ml）

製作方法

1. 將材料A混合，攪拌均勻。
2. 加入材料B混合，攪拌均勻。
3. 加入材料B混合，攪拌均勻，裝瓶後即完成。

使用方法

1. 可於運動前後噴灑，減少排汗量。
2. 對腋下、腳底因交感與副交感神經不平衡所引起的排汗過多很有幫助喔！

寵物除蚤噴霧

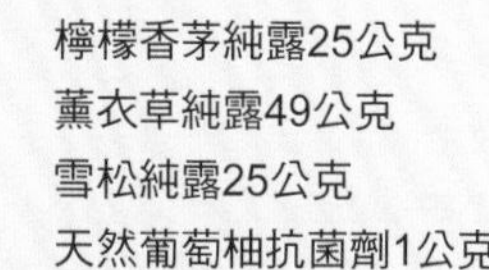

寵物

● 材料配方

檸檬香茅純露25公克
薰衣草純露49公克
雪松純露25公克
天然葡萄柚抗菌劑1公克

● 工具&模型

玻璃燒杯1個
塑膠噴瓶1個（容量100ml）

● 精油建議（可視情況自行調整）

茶樹精油10滴、薰衣草精油10滴
精油乳化劑 1公克

製作方法

1. 所有材料充分混合，裝瓶後即完成。

使用方法

2. 避開眼、鼻，噴灑於寵物的毛髮上，能有效趕走寵物身上的寄生蟲。

natural

simple

讓肌膚回歸清爽×舒適的自然感受

不管任何膚質，肌膚保養——
都從最基本的清潔工夫開始著手吧！

書中的冷製皂，每一款油品的挑選、配方的組合、天然素材的添加，都是從自然無毒＆溫和保養出發。不論是寶寶的超呵護配方、咕溜水嫩的美肌皂、戰痘低敏皂，都是手工皂玩家基本＆必試的推薦好皂。

市售手工皂大量崛起，不知道該如何挑選嗎？不如自己試著動手製作質地溫和、不傷害肌膚，而且又能夠清潔肌膚的香皂，來保持清爽的超平衡膚質吧！

格子教你作自然×無毒親膚皂（好評增修版）

格子◎著
平裝／112頁／17×24cm
彩色／定價350元